心理操纵术

一个人如果只关心自己,他很难成为一个被人喜欢的人。要成为受人敬重的人,必须将你的注意力从自己的身上转到别人的身上去。哲学家威廉姆斯说:"人性中最强烈的欲望便是希望得到他人的敬慕。"

心理操纵术

XINLI CAOZONGSHU

春之霖 ——— 编著

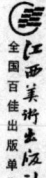
江西美术出版社
全国百佳出版单位

图书在版编目（CIP）数据

心理操纵术 / 春之霖编著 . -- 南昌：江西美术出版社，2017.7（2021.3 重印）
ISBN 978-7-5480-5460-3

Ⅰ . ①心… Ⅱ . ①春… Ⅲ . ①情绪—自我控制—通俗读物 Ⅳ . ① B842.6-49

中国版本图书馆 CIP 数据核字 (2017) 第 112547 号

心理操纵术　春之霖　编著

出　版：江西美术出版社
社　址：南昌市子安路 66 号 邮编：330025
电　话：0791-86566329
发　行：010-88893001
印　刷：三河市万龙印装有限公司
版　次：2017 年 10 月第 1 版
印　次：2021 年 3 月第 5 次印刷
开　本：880mm×1230mm 1/32
印　张：8
书　号：ISBN 978-7-5480-5460-3
定　价：35.00 元

本书由江西美术出版社出版。未经出版者书面许可，不得以任何方式抄袭、复制或节录本书的任何部分。
本书法律顾问：江西豫章律师事务所　晏辉律师
版权所有，侵权必究

前 言

心理操纵术是一门人际关系心理学的实用技术,它把心理学的知识和规律变成我们可以影响和控制他人的武器。世界上所有的人都有可能陷入控制与被控制的关系中,成功的操纵者正是借助各种情绪、言行等心理策略和技巧来控制对方,以达到预设的目的。

无数的事实证明,那些声名显赫的成功人士之所以能够成功,其中一个重要的原因就是他们比我们更清楚:自己想要获得成功,就要在别人身上多下功夫。研究发现,商界精英、政治领袖等各界的风云人物大都具有超强的心理操纵能力。他们具有敏锐的洞察力,会比普通人更仔细地观察他人,能够轻易地洞悉人的心理和本性,并懂得运用相关的心理学策略来影响、控制和操纵身边的人,从而更好地应对和处理工作与生活中的各种问题。这种擅长于使用小技巧解决大问题的本领,正是他们优于常人的显著特征。对于这些能够洞悉他人、影响他人、控制他人的心理操纵能力,人们通常以为它们神秘至极,可实质上,它们都是一些非常普通的方法和技巧。

心理操纵术能够让你像"魔鬼"一样思考,而像"天使"一样受人欢迎。每一个人都离不开与他人的交往。但是,为什么有些人在人际交往中会如鱼得水、左右逢源;而有些人却举步维艰、进退维谷呢?恰当地使用心理控制,可以让你在人际交往中无往不利,拥有并自由调控海量人脉资源,让贵人自觉自愿甚至主动地为你排忧解难、创造良机。利用心理操纵,就可以迅速知晓对方想听的和不想听的、想要的和不想要的、喜欢的和不喜欢的,以及对方担心的和顾虑的等,从而透过显而易见的表象,分析其背后隐藏的真实心理,掌控人际交往的主动权,成为人际博弈大赢家。对于操纵者来说,仅仅扫除绊脚石并不是真正的目的，将绊脚石转化为垫脚石才是真正的智慧。

最高超的心理操纵能让你赢得最成功的人生。有一只看不见的手在控制着你我的生活，这只手就是人的心理。洞察人性的心理弱点，利用人性的心理弱点，在人际交往中会说话、会办事，用小策略解决大问题，正是心理操纵的意义所在。世界上的大部分竞争都可以牵涉、应用到心理操纵。爬山要懂山性，游泳要懂水性，成功要懂人性，掌握了心理操纵，就能够掌握对方的心理变化，削弱对方的自信，控制对方的情感，按照自己的意愿操纵对方。心理操纵渗透于日常生活中的每个角落，与人们的生活、学习、工作都有着非常密切的关系。生活中，每个人的行为都受到自己心理的支配。不同的人有不同的心理，心理决定着一个人的想法，也决定着一个人的行为。掌握并自如运用心理控制，可以让你轻易达到你所希望达到的目的。这本《心理操纵术》共分四篇，分别是"心理操纵术"、"心理博弈术"、"心理洞察术"和"催眠术"。学会运用"心理操纵术"和"心理博弈术"，能够让你有效利用他人心理，迅速掌控他人、掌控全局并战胜对手，使自己成为人际关系的赢家，进而在事业上取得进一步的成就。学会运用"心理洞察术"和"催眠术"，能够让你用眼睛洞察一切，从细微之处读懂他人的微妙心思，并对其做出精准的判断，搞懂对方每一个表情、每一个动作所传达出来的信息，得知他们内心真正的想法，从而决定自己该扮演什么样的角色、说什么样的话、做什么样的事。书中以理论联系实际，以事例为佐证，贴近现实生活，教你快速掌握人心的奥秘，让你拥有一双看不见的力量之手，在工作和生活中知己知彼，占据主动，出奇制胜，利用心理力量控制人生，从而赢得幸福与成功。

目录 CONTENTS

第一篇　心理操纵术

PART 01　让对方开始喜欢你的心理操纵术 …………002

想别人喜欢你，先去喜欢别人 …………………… 002
第一印象塑造好，便可在对方心中建立深刻印象 … 003
微笑，赢得他人好感的法宝 ……………………… 004

PART 02　打开对方心扉的心理操纵术 ………………006

巧说第一句话，陌生人也能一见如故 …………… 006
熟记名字，更容易抓住他的心 …………………… 008
别出心裁称赞他人，增进彼此好感 ……………… 009

PART 03　获取对方信任的心理操纵术 ………………011

层层释疑，让对方放下心理包袱 ………………… 011
把"他应该知道"的事详细告诉他，消除不信任感 … 013
恪守信用能赢得对方长久信赖 …………………… 014

PART 04　令对方赞同的心理操纵术 …………………016

抓住对方的心理，把话说到点子上 ……………… 016
用商量的口吻向对方提建议，柔中取胜 ………… 017

巧妙提问，让对方只能答"是"……………………018

PART 05　让对方心甘情愿帮忙的心理操纵术…………021

满足对方心理是求其办事最好的铺垫…………………021
激起对方同情心，打动他易成事………………………023
求人办事，最好找对方心情好的时候…………………024

PART 06　办公室中的心理操纵术……………………027

把你的功劳让给上司，上司会对你奖励更多…………027
不争小利、夸大困难，向上司邀功请赏不会遭反感…028
拉拢"关键"同事，使其在领导面前替你说话…………029
读懂不同类型的同事，才能制造融洽气氛……………031

PART 07　操纵男女情感的心理操纵术…………………033

学名人示爱，让她不自禁地心动………………………033
爱要开口，锁住芳心……………………………………035
爱到深处，不妨"趁火打劫"……………………………037

PART 08　自我心理操纵术……………………………039

悦纳自我的战术…………………………………………039
塑造自信的战术…………………………………………041
缓解压力的战术…………………………………………044

第二篇　心理博弈术

PART 01　洞悉人性，拿捏分寸 …… 048

对方再谦虚，也不要过分表现自我 …… 048
讨人喜欢的吹捧，既要捧得响又要捧得恰当 …… 049
以诚动人，抓住他人心 …… 051

PART 02　以心交心，互惠互利 …… 053

激起"心理共鸣"，让他感觉帮你像在帮自己 …… 053
帮别人的同时，也是在帮自己 …… 055
不报复对方，也是在为自己开路 …… 056

PART 03　将心比心，换位思考 …… 058

想钓到鱼，就要像鱼一样思考 …… 058
不揭对方伤疤，他不痛你也好过 …… 059
站在对方立场说话，他才容易听你的话 …… 061

PART 04　以心攻心，斗智斗勇 …… 063

要赢，先在勇气上压倒对方 …… 063
绵里藏针，柔中带刚 …… 064
瞄准对方关键点，以一点击溃其全部 …… 065

PART 05　以心赢心，以力借力 …………………… 068

"寄生"于人，成长加速 ………………………… 068
积极主动地"攀龙附凤"，让贵人扶你平步青云 … 070
得人心者得天下：以宽容仁德大展宏图 ………… 071

PART 06　以退为进，韬光养晦 …………………… 073

闭上生气的嘴，张开争气的眼 …………………… 073
忍对方一时之气，为自己换来有利局势 ………… 074
欲进两步，先退一步 ……………………………… 076

PART 07　嘴上巧用劲，脚下便有路 ……………… 079

矛盾时给对方台阶，也是给自己台阶 …………… 079
调节冲突，抬高一方让其主动退出 ……………… 081
论辩中巧设圈套，让对方主动入瓮 ……………… 082

PART 08　知晓方圆，精明生存 …………………… 084

会绕圈子才能左右逢源 …………………………… 084
迂回出击，主动给自己创造契机 ………………… 085
夹缝中生存，对谁都要等距离交往 ……………… 087

PART 09　创变通达，趋利避险 …………………… 089

人舍你取，"垃圾"可能变"珍宝" ……………… 089

遭受恶意诬陷，激烈反驳不如冷静灵活应对 ……… 091
正面难入手时，就从侧面出击 ……………………… 092

第三篇　心理洞察术

PART 01　察言观色的心理策略 …………………… 096

从衣服的选择判断人的个性特征 …………………… 096
淡妆与浓妆，表现不同的欲望 ……………………… 099
饰品：心灵文化的显示 ……………………………… 103
奇妙多变的眼神：眼睛中的真实含义 ……………… 108
听话听音：从言谈之间听出"弦外之音" ………… 111

PART 02　慧眼识人的心理策略 …………………… 124

坐姿：洞悉人的动向 ………………………………… 124
走姿：了解人的性情 ………………………………… 127
手势：表情达意的辅助手段 ………………………… 129

PART 03　看透他人的心理策略 …………………… 133

女人的行为：折射其性格的镜子 …………………… 133
男人的行为：诠释心灵的语言 ……………………… 135
从细节窥视情人的心 ………………………………… 137

PART 04　辨别小人的心理策略 …………… 149

小人不可不防 ……………………………… 149
怎样识别小人 ……………………………… 151
看穿善于伪装的"君子" …………………… 152
以攻代守筑起防火墙 ……………………… 154
尽量避开小人的纠缠 ……………………… 156

PART 05　识破谎言的心理策略 …………… 158

欺骗的信号 ………………………………… 158
大多数骗子会直视你的眼睛 ……………… 160
脸部表情是怎样揭露事实的 ……………… 161
透过姿势看破谎言 ………………………… 163

PART 06　从原色彩的喜好洞察人心 ……… 169

加法三原色（RGB）与减法三原色（CMY） …… 169
原色彩的含义和象征性 …………………… 170
喜欢红色的人：热情、外向 ……………… 172
喜欢黄色的人：理性、积极 ……………… 173
喜欢蓝色的人：严谨、感性 ……………… 174
喜欢绿色的人：和平、朝气 ……………… 174

第四篇　催眠术——一种神奇的心理操纵术

PART 01　原来这才是催眠 ……………………… 178
　　什么是催眠术 ………………………………………… 178

PART 02　你最想知道的催眠问题 ……………… 183
　　那些催眠表演是真的吗 ……………………………… 183
　　催眠师可以让人做违背意愿的事吗 ………………… 188
　　催眠真的可以控制人的大脑吗 ……………………… 189
　　催眠是不是一种超自然的实践 ……………………… 190

PART 03　掌握方法，催眠其实很简单 ………… 191
　　催眠的4种状态和6个阶段 ………………………… 191
　　"诱导"催眠制胜有招 ……………………………… 194

PART 04　不可思议的催眠力量 ………………… 204
　　戒烟、戒酒、戒毒 …………………………………… 204
　　催眠让人安然入睡 …………………………………… 209
　　克服心理障碍 ………………………………………… 212
　　提高记忆力和学习能力 ……………………………… 230
　　什么是自我催眠术 …………………………………… 241

第一篇

心理操纵术

PART 01
让对方开始喜欢你的心理操纵术

想别人喜欢你,先去喜欢别人

维也纳一位著名的心理学家阿尔弗雷德·阿得勒,写过一本书,名叫《生活对你的意义》。在那本书里,他说:"一个不关心别人,对别人不感兴趣的人,他的生活必然遭受重大的阻碍和困难,同时会替别人带来极大的损害与困扰。所有人类的失败,都是由于这些人才发生的。"

一个人如果只关心自己,他很难成为一个被人喜欢的人。要成为受人敬重的人,必须将你的注意力从自己的身上转到别人的身上去。哲学家威廉姆斯说:"人性中最强烈的欲望便是希望得到他人的敬慕。"这句话对于"别人"也同样适用,他人也希望得到你的敬慕。如果你只是过度关心你自己,就没有时间及精力去关心别人。别人无法从你这里得到关心,当然也不会注意你。

伍布奇先生是一家公司的总裁,著名的销售专家,当人们问及一个成功的销售员该具备哪些基本条件时,伍布奇先生脱口而出:"当然是喜欢别人。还有,一个人必须了解自己公司的产品而且对产品有信心,工作要勤奋,善于运用积极思想。但是,最重要的是他一定要喜欢他人。"

这个故事告诉我们,受人欢迎是销售员素质的某种表现形式,因为从某种程度上讲,你在推销产品的同时,也在"推销"自己。将这一点扩大到人际交往的层面上来,当一个人可以真心地喜欢他人时,他一定会招人喜欢。所以，要获得他人的喜爱，首先必须要真诚地喜欢他人。当然，这种喜欢必须是发自内心的，而非别有所图。

从现在开始，真诚、友善地去喜欢你周围的人吧，相信，这也将会让他们真诚、友善地喜欢你！

第一印象塑造好，便可在对方心中建立深刻印象

日常生活中，我们都有过这样的体验，初次与人见面时，对方的相貌、举止、言语、风度等某些方面会迅速地映在你的脑海中，形成最初感觉，即第一印象。第一印象主要源于人的直觉观察，根据直觉观察到的信息加以综合评判，然后以某种形式固定下来。

卡耐基认为，在社交活动中，第一印象很重要。它是在没有任何成见的

基础上,完全凭着你的"自我表现"来判断的,因而第一印象直观、鲜明、强烈而又牢固。如果你的相貌俊美,举止端庄大方,言语机智,谈吐风趣幽默,风度翩翩,谦虚而不自卑,自信而不固执,倔强而不狂妄,你就会给人留下美好而难忘的印象。

当然,人无完人,所有的优点和美德不可能都集中在一个人身上,但你若具有其中某一方面或某一方面的某一点,再扬长避短,将其发扬光大,也同样可以获得最佳效果。

第一印象的好坏,决定着社交活动能否继续下去。第一印象好,人家就愿意和你进一步来往,通过一段时间的相识与了解,人家觉得你的确不错,你们的关系就会顺畅发展。如果对方是你的客户,你在事业上就多了一个合作伙伴;如果对方是你的同事,你在工作中就多了一个支持者;如果对方是你的邻居,你在生活里就多了一个朋友。第一印象不好,你与人家的交往便不得不就此止步了,因为人家不想再见到你。纵然你有多么美好的动机,多么宏伟的蓝图构想,也只能化成泡影了。

第一印象的烙印是非常深刻的,很长时间都不容易被改变。在许多回忆录中,我们常常可以读到这样一段话:"他还是老样子,像我第一次见到他的时候……"多少年以后,历史的变化更加之岁月的沧桑,一个人怎么会没有变化呢?但在作者眼里,对方还是他初次见到的模样。事实上不是对方依然如故,而是作者脑中的第一印象太深刻了,没有随着时间的流逝而改变。

中国老百姓中流传着这样一句话:"到了新环境,头三脚踢开,以后就容易了。"与人交往也是同样的道理,在他人心中的第一印象塑造好了,日后才容易春风得意。

微笑,赢得他人好感的法宝

微笑是人际交往的通行证,是打开每个心门的钥匙。在与人交流中,主动报以微笑不仅能迅速拉近彼此心与心的距离,还能赢得他人好感。

飞机起飞前,一位乘客请求空姐给他倒一杯水服药。空姐很有礼貌地说：“先生，为了您的安全，请稍等片刻，等飞机进入平稳飞行状态后，我会立刻把水给您送过来，好吗？”15分钟后，飞机早已进入平稳飞行状态。突然，乘客服务铃急促地响了起来，空姐猛然意识到：糟了，由于太忙，忘记给那位乘客倒水了。空姐来到客舱，看见按响服务铃的果然是刚才那位乘客。她小心翼翼地把水送到那位乘客跟前，面带微笑地说：“先生，实在对不起，由于我的疏忽，延误了您吃药的时间，我感到非常抱歉。”这位乘客抬起左手，指着手表说道：“怎么回事，有你这样服务的吗？”无论她怎么解释，这位挑剔的乘客都不肯原谅她的疏忽。

在接下来的飞行途中，为了补偿自己的过失，每次去客舱为乘客服务时，空姐都会特意走到那位乘客面前，面带微笑地询问他是否需要帮助。然而，那位乘客余怒未消，摆出一副不合作的样子。

临到目的地前，那位乘客要求空姐把留言本给他送过去。空姐紧张极了，以为这下完了。没想到，她打开留言本，却惊奇地发现，那位乘客在留言本上写下的并不是投诉，相反却是一封热情洋溢的表扬信："在整个过程中，你表现出的真诚的歉意，特别是你的12次微笑，深深打动了我，使我最终决定将投诉信写成表扬信。你的服务质量很高，下次如果有机会，我还将乘坐你们这趟航班。"空姐看完信，激动得热泪盈眶。

微笑是人际交往的通行证，没有一个人不喜欢和微笑的人打交道！

PART 02
打开对方心扉的心理操纵术

巧说第一句话，陌生人也能一见如故

假如在一个严冬的夜晚，与一位现在很陌生、但希望将来能成为朋友的人见面，你想说些什么作为初次见面的开场白呢？

大多数人都认为从谈天气切入最好，如"今晚好冷啊"。可是，单纯地使用它，虽然能彼此引出一些话来，但这些话往往对你们彼此无关紧要，于是，再深一步地交谈也就出现困难了。不过，如果你这样说："哦，今晚好冷！像我这种在南方长大的人，尽管在这里住了几年，但对这种天气还是难以适应。"相信，对方若也是在南方长大的，就会引起共鸣，接着你的话头说出一些有关的事；对方若是在北方长大的，他也会因为你在寒暄中提到了自己的故乡在南方，而对你的一些情况发生兴趣，有了要进一步了解你的欲望，从而可把你们的交往引向深入。

要知道，人都是独立的个体，都具有思维能力，与陌生人打交道时，你与对方都会存有一定的戒心，这也是初次交往的一种障碍。而初次交往的成败，关键就要看你们如何冲破这道障碍。如果你用第一句话吸引对方，或是讲对方比较了解的事，那么，第一次谈话就不仅仅是形式上的客套了。如果运用得巧妙，双方会因此打成一片，变得容易接近。

总结来说，说第一句话的原则就是亲热、贴心、消除陌生感。常见方式主要有三种：

1. 问候式

"您好"是向对方问候致意的常用语。如能因对象、时间的不同而使用不同的问候语，效果则更好。对德高望重的长者，宜说"您老人家好"，以示敬意；对年龄跟自己相仿者，称"老×（姓），您好"，显得亲切；对方是医生、教师，说"李医师，您好"、"王老师，您好"，有尊重意味。节日期间，说"节日好"、"新年好"，给人以祝贺之感；早晨说"您早"、"早上好"则比"您好"更得体。

2. 攀认式

赤壁之战中，鲁肃见诸葛亮的第一句话是："我，子瑜友也。"子瑜，就是诸葛亮的哥哥诸葛瑾，他是鲁肃的挚友。短短的一句话就定下了鲁肃跟诸葛亮之间的交情。其实，任何两个人，只要彼此留意，就不难发现双方有着这样或那样的"亲"、"友"关系。

例如，"你是××大学毕业生，我曾在××进修过两年。说起来，我们还是校友呢！"、"您来自苏州，我出生在无锡，两地近在咫尺，今天能遇同乡，令人欣慰！"

3. 敬慕式

对初次见面者表示敬重、仰慕，这是热情有礼的表现。用这种方式必须注意：要掌握分寸，恰到好处，不能胡乱吹捧，不说"久闻大名，如雷贯耳"之类的过头话。表示敬慕的内容也应该因时因地而异。

例如，"您的大作《教你能说会道》我读过多遍，受益匪浅。想不到今天竟能在这里一睹作者风采！"、"桂林山水甲天下。我很高兴能在这美丽的地方见到您这位著名的山水画家。"

不过，说好了第一句话，仅仅是良好的开端。要想谈得有味，谈得投机，你还得在谈话的过程中寻找新的共同感兴趣的话题，这样才能吸引对方，使谈话顺利地进行下去。

熟记名字，更容易抓住他的心

人们在日常应酬中，如果一个并不熟悉的人能叫出自己的姓名，就会产生一种亲切感和知己感；相反，如果见了几次面，对方还是叫不出你的名字，便会产生一种疏远感、陌生感，增加双方的心理隔阂。一位心理学家曾说："在人们的心目中，唯有自己的姓名是最美好、最动听的东西。"许多事实也已经证实，在公关活动中，广记人名，有助于公关活动的展开，并助其成功。

美国的前总统罗斯福在一次宴会上，看见席间坐着许多不认识的人，他找到一个熟悉的记者，从记者那里一一打听清楚了那些人的姓名和基本情况，然后主动和他们接近，叫出他们的名字。当那些人知道这位平易近人、了解自己的人竟是著名政治家罗斯福时，大为感动。以后，这些人都成了罗斯福竞选总统的支持者。

记住对方的名字，最好时而高呼出声，这不仅是起码的一种礼貌，更是交际场上值得推行的一个妙招。你想一想，对于轻易记住你的名字的人，我们

怎不顿觉亲切,仿佛双方是老友相逢,这时,他来求我们什么事情,我们怎好不竭尽全力予以优先惠顾呢?

在对方面前,你一张口就高呼出他的名字,会让对方为之一振,对你顿生景仰之意。就是原本不利的情势,也往往会因为你的这一高呼而顿时"化险为夷"。

记住别人的名字。对他人来说,这是所有语言中最甜蜜、最重要的声音。

如果你想让人羡慕,请不要忘记这条准则:"请记住别人的名字,名字对他来说,是全部词汇中最好的词。"

熟记他人的名字吧,这会给你带来好运!

别出心裁称赞他人,增进彼此好感

与人交流的过程中,尤其是有些陌生的人,适时称赞对方没被其他人赞美过的地方,不仅能让对方感到高兴,激发他的交谈积极性,而且更容易打开对方心扉,拉近彼此的好感,甚至使他变为你的挚友。

法国前总统戴高乐1960年访问美国时,在一次尼克松为他举行的宴会上,尼克松夫人费了很大的劲布置了一个美观的鲜花展台:在一张马蹄形的桌子中央,鲜艳夺目的热带鲜花衬托着一个精致的喷泉。精明的戴高乐将军一眼就看出这是女主人为了欢迎他而精心设计制作的,不禁脱口称赞道:"女主人为举行一次正式宴会要花很多时间来进行这么漂亮、雅致的计划和布置。"尼克松夫人听了,十分高兴。事后,她说:"大多数来访的大人物要么不加注意,要么不屑为此向女主人道谢,而他总是想到和讲到别人。"在以后的岁月中,不论两国之间发生什么事,尼克松夫人始终对戴高乐将军保持着非常好的印象。

别人都没注意到的地方,戴高乐却注意到了,并直截了当地将他的欣赏表达出来,这怎能不让尼克松夫人高兴呢?因此,我们在对陌生人加以赞美时,如果能悉心挖掘那种鲜为人赞的地方,对方会非常开心,陌生人很快就会变成挚友。

人人都有自己的长处,也都有短处。人们一般都希望别人多谈自己的长处,不希望别人多谈自己的短处,这是人之常情。跟初谈者交谈时,如果以特有的方式赞扬对方的长处作为开场白,就更能使对方感到高兴,对你产生好感,交谈的积极性也就得到了激发。

所以,赞美要具体化,正如伏尔泰所说:"言而无物,其言必拙。"赞美用语越具体,越说明你对他的了解,这不失为一种特殊的赞美方式。

PART 03
获取对方信任的心理操纵术

层层释疑，让对方放下心理包袱

无论是求人办事，还是想进一步发展彼此的交情，赢得他人信任是成功交际必不可少的基本条件。因为人的思想是复杂的，有时会对某些事情感觉不是很有把握，或对某一事物不理解、想不通，于是疑虑重重，这些往往是不可避免的。

想从根本上解决这一问题，就要求我们要善于以情定疑，把道理说透。一旦消除了这些疑虑，自然就能够赢得对方的信任。不过，消除别人的疑虑并不是一件很容易的事情，而需要一点一点地、层层递进，穷追不舍，把道理讲明白、讲透彻，这就是层层释疑的方法。

1921年，美国百万富翁哈默听说苏联实行新经济政策，鼓励吸收外资，就打算去苏联做粮食生意，当时苏联正缺粮食，恰巧美国粮食大丰收。此外，苏联有的是美国需要的毛皮、白金、绿宝石，如果双方交换，是一笔不错的交易。哈默打定了主意，来到了苏联。

哈默到达莫斯科的第二天早晨，就被召到了列宁的办公室，列宁和他进行了亲切的交谈。粮食问题谈完以后，列宁对哈默说，希望他在苏联投资，经营企业。西方对苏联实行新经济政策抱有很深的偏见，搞了许多怀有恶意的宣传。哈默听了，心存疑虑，默默不语。

聪明的列宁当然看透了哈默的心事，于是耐心地对哈默讲了实行新经济政策的目的，并且告诉哈默："新经济政策要求重新发展我们的经济潜能。我们希望建立一种给外国人以工商业承租权的制度来加速我们的经济发展。"

经过一番交谈，哈默弄清了苏维埃政权的性质和苏联吸引外资企业的平等互利原则，于是很想大干一番。但是不一会儿，他又动摇起来，想打退堂鼓。为什么？因为哈默又听说苏维埃政府机构，人浮于事，手续繁多，尤其是机关人员办事儿拖拉的作风，令人吃不消。

当列宁听完哈默的担心时，立即又安慰他道："官僚主义，这是我们最大的祸害之一。我打算指定一两个人组成特别委员会，全权处理这件事，他们会向你提供你所需要的帮助。"

除此之外，哈默又担心在苏联投资办企业，苏联只顾发展自己的经济潜能，而不注意保证外商的利益，以致外商在苏联办企业得不到什么实惠。

当列宁从哈默的谈吐中听出这种忧虑，马上又把话说得一清二楚："我们明白，我们必须确定一些条件，保证承租的人有利可图。商人不都是慈善家，除非觉得可以赚钱，不然只有傻瓜才会在苏联投资。"

列宁对哈默的一连串的疑虑，逐一进行释疑，一样一样地都给他说清楚，并且斩钉截铁，干脆利落，毫不含糊，把政策交代得明明白白，使得哈默的心好像一块石头落了地。没过多久，哈默就成了第一个在苏联租办企业的美国人。

假如当初列宁不是很巧妙地解开哈默的疑问，那么哈默很有可能就不会在苏联投资了，那样无论对哪一方都将会是一种损失。

因此，在交际中当对方心存疑虑时，你若是想赢得对方的信任，最好采用层层释疑的方法，巧妙解开对方的疑团，让对方放下心理包袱，那么彼此间的交往就会变得顺畅多了。

把"他应该知道"的事详细告诉他，消除不信任感

一般情况下，不信任感容易产生在我们未给予对方充分的信息，让对方怀疑你对他隐瞒了什么时。因为双方掌握的信息量有出入，对方会担心自己处于不利的状态。如果不消除对方这种心理状态，就想让他做什么事情，他会担心你在利用他的无知，因此就会对你产生不信任感。

在这种情况下，有两点必须引起我们的注意。

首先，不要认为对方可能已经知道了某件事情，就不再告诉他。这时"因为他没问，所以我没说"这种说法是行不通的。缺乏信息的对方往往会因为以下两种原因而不去主动询问：第一，不知道自己的不明之处，也就是说，不知道自己在哪方面缺乏信息；第二，因为不知道，所以担心对方知道自己不知道。所以，为了防止因信息量的差距而产生不信任感，或是已经产生了不信任感想加以消除，你首先应该把你认为"他应该知道"的事情详细告诉对方，以缩小这种信息量的差距。

其次，必须注意的是，在给予对方信息时，如果都是你这一方的信息，反而会招致对方对你的不信任。因此，你应该自然地说明对方自己可以确认那些信息是否可靠的办法。例如，你可以对他说："你去问某某，就更清楚了。"另外，运用在说服的同时讲明消极信息的做法也是消除不信任感的好方法。

我们平时在日常生活中，不要老是向有求于自己的人说"不"。在可能

的情况下，为了以后有求于别人，应尽可能地说"是"，这样等有朝一日换你想说服他时就会轻松许多。正如卡耐基所指出，要想成功地搭建沟通的桥梁，首先应让对方感觉你是可信的。

恪守信用能赢得对方长久信赖

信用是长时间积累的信任和诚信度，它是我们与人竞争和与人共处时最重要的素质和资本。一个有交际能力的人应该是一个恪守信用的人，以诚信去处理人际关系才会赢得别人的信任与尊重，赢得更多的朋友，有时甚至可以决定你的生存质量和命运走向。

一个顾客走进一家汽车维修店，自称是某运输公司的汽车司机。"在我的账单上多写点零件，我回公司报销后，有你一份好处。"他对店主说。

但店主拒绝了这样的要求。

顾客纠缠说："我的生意不算小，会常来的，你肯定能赚很多钱！"

店主告诉他，这事他无论如何也不会做。

顾客气急败坏地嚷道："谁都会这么干的，我看你是太傻了。"

店主火了，他要那个顾客马上离开，到别处谈这种生意去。

这时顾客露出微笑并满怀敬佩地握住店主的手："我就是那家运输公司的老板，我一直在寻找一个固定的、信得过的维修店，你还让我到哪里去谈这笔生意呢？"

面对诱惑，店主没有心动，不为其所惑，坚守诚信，因此他赢得了顾客的信任。诚信是为人之本，立业之基，是打开你人际关系的"万能钥匙"。

如今，社会复杂，世事难料，人心叵测，每一个人都带着厚厚的眼镜看世界，裹着厚厚的棉被与人交往，彼此之间小心翼翼，思前顾后，人与人之间总有一层隔膜或一道难以逾越的鸿沟，最终只能导致彼此之间逐渐疏远和冷漠。我们需要的是信任、信赖和相互扶持，这就需要我们敞开心扉，用真诚和诚实对待别人，用诚信之心面对周围的人和事物，因为只有诚信才能征服别人，赢得尊重。

尼泊尔的喜马拉雅山南麓是风靡世界的旅游胜地,但是,谁能想象到这样一块胜地早年却是无人问津、无人涉足的地方,而它的美貌乍现于天下却源于一位少年的诚信。

起初,有很多日本人到这里来观光旅游,他们想亲眼目睹喜马拉雅山的壮观和伟岸。由于不熟悉当地环境和方言,有一天,几位日本摄影师不得不请当地一位少年代买啤酒,结果,这位少年为之跑了3个多小时买回了啤酒。第二天,那个少年又自告奋勇地再替他们买啤酒。这次摄影师们给了他很多钱,但直到第三天下午那个少年还没回来。于是,摄影师们议论纷纷,都认为那个少年把钱骗走了。但令人意想不到的是,第三天夜里,那个少年却敲开了摄影师的门。原来,他只购得4瓶啤酒,为了购买另外的6瓶,他又翻了一座山,趟过一条河才购得,然而,小男孩返回时却因绊倒摔坏了3瓶。他哭着拿着碎玻璃片,向摄影师交回零钱,在场的人无不动容。这个故事使许多外国人深受感动。后来,到这儿的游客就越来越多了……

不要以为进入市场经济了,就可以抛弃一切"陈规老套",认为那套东西对当代人早已过时了,不适用了,我们应该耍小聪明的时候就要耍了……如果你这么想,那你就大错特错了。其实,很多老祖宗留下的东西都是"宝贝",弃之不用,你只会在无数摸爬滚打中"栽跟头",在无数挫折困难中验证它的真理性。

譬如诚信,"无信者不足以立于天下",也许一个背信弃义的人在人际交往中可能取得暂时的利益,能暂时得意,也不会有羞辱之感,但是时间会碾碎他,时间会抛弃他,时间会让他曾经"购买"的"股票"全部贬值,而且贬得一文不值。

在这个世界上有些东西是具有永久的"储藏"价值的,诚信便是。"储存"诚信能让你赢得别人的信赖和信任,更能征服别人,让你的"腰板"更直,是助你学业或者事业取得成功的重要砝码。

PART 04
令对方赞同的心理操纵术

抓住对方的心理，把话说到点子上

要想让对方接受你的劝说，首先要了解对方的心理，再通过对方感觉不到的小小的压力渐渐地使他消除戒备心理，这是很奏效的。

与人交谈时，话题的展开如果能迎合对方的心理，就能以更加牢固的纽带来连接双方心理上的"齿轮"，增进彼此的情感交流。我们往往都认为，只要说得有理对方就一定能接受，但是，要使对方真正理解并能彻底接受，就应该将沟通渠道建立在这种理论对话下的心理上。

小吴大学毕业以后决心自谋职业。一次，他在一家报纸的广告里看到某公司征聘一位具有特殊才能和经验的专业人员。小吴没有盲目地去应聘，而是花费很多精力，广泛收集该公司经理的有关信息，详细了解这位经理的奋斗史。那天见面之后，小吴这样开口：

"我很愿意到贵公司工作，我觉得能在您手下做事，是最大的光荣。因为您是一位依靠奋斗取得事业成功的人物。我知道您28年前创办公司时，只有一张桌子、一位职员和一部电话机，经过您的艰苦奋斗，才有了今天的事业。您这种精神令我钦佩，我正是奔着这种精神才前来接受您的挑选的。"

所有事业有成的人，差不多都乐于回忆当年奋斗的经历，这位经理也不例外。小吴一下子就抓住了经理的心，这番话引起了经理的共鸣。因此，经理乘兴谈论起他自己的成功经历。小吴始终在旁洗耳恭听，以点头来表示钦佩。最后，经理向小吴很简单地问了一些情况，终于拍板："你就是我们所需要的人。"

要想把话说到点子上，就必须抓住对方的心理。如果不知对方心理所想所需，是无法说到点子上的。就像一个神枪手，如果蒙上他的眼睛，再让他去找一个目标，那么，他只能凭感觉去打，这是难以击中目标的。所以，与人说话时，必须要洞察、迎合对方的心理，才能说到点子上。

用商量的口吻向对方提建议，柔中取胜

任何人都是有自尊、讲面子的，所以，在说服他人的过程中，多用与他商量的口气给他提建议，少下命令，这样不但能避免伤害别人的自尊，而且会使他们觉得你平易近人，进而乐于接受你的建议，与你友好地合作。

张先生在工商界是赫赫有名的，他很懂得这个道理。据说他从不用命令

式的口吻去说服别人,他要别人遵照他的意思去工作时,总是用商量的口气去说。譬如有人会说:"我叫你这么做,你就这么做。"他从不这么说,而是用商量的口气说:"你看这样做好不好呢?"假如他要秘书写一封信,他把大意和要点讲了之后,再问一下秘书:"你看这样写是不是妥当?"等秘书写好请他过目,他看后觉得还有要修改的地方,又会说:"如果这样写,你看是不是更好一些?"他虽然处于发号施令的地位,可是却懂得别人是不爱听命令的,所以不用命令的口气。

张先生的这种做法,使得每个人都愿意和他相处,并乐于按他的意愿做事。所以,当我们要说服某个人时,最好也多用建议的口吻。

肖恩是一所职业学校的老师,他有一个学生因故迟到了,肖恩以非常严厉的口吻问道:"你怎么能浪费大家的时间?不知道大家都在等你吗?"

当学生回答时,他又吼道:"你回去吧,既然不想听我的课,以后也不用来了。"

这位学生是错了,不应该不先打个招呼,耽误了其他同学上课。但从那天起,不只这位学生对肖恩的举止感到不满,全班的学生都与他过不去。

他原本完全可以用不同的方式处理这件事,假如他友善地问:"你有什么事情要处理吗?问题解决了吗?"并说,"如果你这样有事情不事先通知,大家的课程也都耽误了。"这位学生一定很乐意接受,而且其他的同学也不会那么生气了。

所以,要说服他人最好别用命令的口吻,不然,不但达不到你想要的说服效果,还可能使事情越弄越糟。多使用建议的口吻,通过这种方法,人们便会很愿意改正他们的错误,而且维持了对方的自尊,使他们认为自己很重要,并配合你的工作,而不是反抗你。

巧妙提问,让对方只能答"是"

在说服他人赞同自己的过程中,巧妙提问也是实现目的的一种重要手段。卡耐基就曾经举了一个有趣的例子。

假设有两人在一间屋子里。你站在或坐在房间的里端,而他在房间的外端。你希望他从房间的外端走到房间的里端。

不妨来做这个游戏。在游戏中,你问他问题。每次你问他一个问题,如果他答"是",他就向房间的里迈进一步。如果每次你问问题,而他回答"不是",他就向外退一步。

如果你想让他从房间的外端走到房间的里端,你最好的策略是不断地问他一系列他只能回答"是"的问题。你必须避免提出可能导致他回答"不是"的问题。

通过使用"只能回答'是'"的问题,你就可以轻而易举地做到这一点。一些封闭性问题,人们对它们的回答99.9%是肯定的。你让某人越多地对你说"是",这个人就越可能习惯性地顺从你的要求。

比如,回想一位你经常同意其意见的朋友,你往往已经习惯于做肯定的表示。因此当这个人想劝说你做某事时,即使他还没有完全讲完他的请求,你往往已经决定这么去做。

你肯定也认识你通常不同意其意见的人。此人的特点是经常听到你说"不"。当这个人开始要求你做某事时,你就会同多数人一样,在他还没有讲完他的请求之前,你就已经在琢磨用什么理由来说"不",以便拒绝他的

请求。

　　这些相近的倾向说明，让你想说服的人形成对你说"是"的习惯是多么的重要。反过来也是如此。如果一个人已经习惯性地对你说"不"，不同意你的看法，你想成功地说服他的可能性几乎为零。

　　提出"只能回答'是'"的问题有个好办法，就是问你知道那个人会做肯定回答的事情。如果你愿意的话，你可以在问话里加上以下词语，如：

　　"是这样吧？"

　　"对吧？"

　　"你会同意吧？"

　　一位推销员问一位可能的买主："你想买这件设备的关键是其费用，是吧？"价格无疑是关键的。因此，这样的问题肯定会带来"是"的回答。或许就这样开始了让可能的买主对推销员养成做肯定回答的习惯。

　　换句话说，这位推销员可以问一位可能的顾客："设备的价格对你来说很重要吧？"这也是一个封闭型"只能回答'是'"的问题。对这样一个问题，几乎人人都会回答"是"。

　　当一位雇员想提醒同伴开始进行一个项目时，这位雇员可能提出这样"只能回答'是'"的问题，"我们需要尽快完成这个项目，是吧？"这里，一个明确的声明"我们需要尽快完成这个项目"跟着一个"只能回答'是'"的问题"是吧？"它要求得到一个"是"的回答。

　　这种"只能回答'是'"的问题已被反复证明是非常有用的。

PART 05
让对方心甘情愿帮忙的心理操纵术

满足对方心理是求其办事最好的铺垫

中国有句俗话,叫"篱笆立靠桩,人立要靠帮"。一个人要想一生有所成就,就必须有求人办事的能力。这个话题,说起来很简单,可真正实施起来,又有多少人能轻松得手呢?我们常能听到这样的唠叨,"低三下四求人也未必求得动"、"软磨硬泡就算求动了人家也是不情愿,根本不会给你好好办"……

难道我们就不能让人家心甘情愿地帮忙吗?当然不是了。有求于人,你必须明确,要对方帮你,唯一有效的、事半功倍的方法就是使他自己情愿。那么,我们怎样才能让他人心甘情愿地"为我所用"呢?这就需要心理技巧了。

人的需要是各不相同的,每个人都有各自的癖好与偏爱。你首先应当将自己的计划去满足别人的心理,然后你的计划才有实现的可能。

例如,说服别人最基本的要点之一,就是巧妙地诱导对方的心理或感情,以使他人就范。如果你特别强调自己的优点,企图使自己占上风,对方反而会加强防范心。所以,应该注意先点破自己的缺点或错误,使对方产生优越感。

关于这一点,曾有一个非常有趣的故事。

有一位年轻人是美国有名的矿冶工程师,毕业于美国的耶鲁大学,又在德国的佛莱堡大学拿到了硕士学位。可是当年轻人带齐了所有的文凭去找美国西部的一位大矿主求职的时候,却遇到了麻烦。原来那位大矿主是个脾气古怪又很固执的人,他自己没有文凭,所以就不相信有文凭的人,更不喜欢那些文质彬彬又专爱讲理论的工程师。当年轻人前去应聘递上文凭时,满以为老板会乐不可支,没想到大矿主很不礼貌地对年轻人说:"我之所以不想用你就是因为你曾经是德国佛莱堡大学的硕士,你的脑子里装满了一大堆没有用的理论,我可不需要什么文绉绉的工程师。"聪明的年轻人听了不但没有生气,反而心平气和地回答说:"假如你答应不告诉我父亲的话,我要告诉你一个秘密。"大矿主表示同意,于是年轻人对大矿主小声说:"其实我在德国的佛莱堡并没有学到什么,那三年就好像是稀里糊涂地混过来一样。"想不到大矿主听了却笑嘻嘻地说:"好,那明天你就来上班吧。"就这样,年轻人在一个非常顽固的人面前通过了面试。

或许你觉得那个大矿主心理有问题,观念比较偏激、夸张,甚至有些滑稽,可年轻的工程师若不让矿主的"问题心理"得到满足,又怎么能让他聘请自己呢?

在办事过程中,你要努力做到这点——先在心理上满足对方,这样事情就会变得简单、顺利多了。

激起对方同情心，打动他易成事

大多数人都具有同情心，即使铁石心肠的人也不例外。同情能够加强别人对你的理解，因此求人办事不妨利用一下别人的同情心。

在很多时候，用感情打动别人，激起别人的同情心，比一味滔滔不绝地讲大道理会更有效果。

一位遭人欺凌的受害者在向某领导告状时十分冲动，口出狂言、污语，使得这位领导很是反感，因而，问题迟迟不予解决。后来，此人绝望了，痛苦不堪，几欲轻生，反倒引起了这位领导的同情与重视。

当然，这并不是说，凡告状者都要摆出一副可怜兮兮的样子。而是说，告状者在请求解决问题时，应该调动听者的同情心，使听者首先从感情上与你靠近，产生共鸣。这就为你问题的解决打下了基础，人心都是肉长的，只要你将受害的情况和你内心的痛苦如实地说出来，处理者都是会动心的。

同情心可以促进当权者对受害人的理解，但这并不等于说马上就会下定处理的决心。因为处理者要考虑多方面的情况，有时会处于犹豫之中，甚至会抱着多一事不如少一事的态度，不想过问。这时候，当事人就得努力激发处理者的责任感，要使处理者知道，这是在他职责范围以内的事，他有责任处理此事，而且能够处理好此事。

一天，一位老妇人向正在律师事务所办公的林肯律师哭诉她的不幸遭遇。原来，她是位孤寡老人，丈夫在独立战争中为国捐躯，她只能靠抚恤金维持生活。可前不久，抚恤金出纳员勒索她，要她交一笔手续费才可领取抚恤金，而这笔手续费却等于是抚恤金的一半。林肯听后十分气愤，决定免费为老妇人打官司。

法院开庭后。由于出纳员原来是口头勒索的，没有留下任何凭据，因而指责原告无中生有，形势对林肯极为不利。但他仍旧十分沉着和坚定，他眼含着泪花，回顾了英帝国主义对殖民地人民的压迫，爱国志士如何奋起反抗，如何忍饥挨饿地在冰雪中战斗，为了美国的独立而抛头颅洒热血的历史。

最后，他说："现在，一切都成为过去。1776年的英雄，早已长眠地下，可是他们那衰老而又可怜的夫人，就在我们面前，要求申诉。这位老妇人从前也是位美丽的少女,曾与丈夫有过幸福的生活。不过,现在她已失去了一切,变得贫困无靠。然而,某些人还要勒索她那一点微不足道的抚恤金,有良心吗?她无依无靠,不得不向我们请求保护时,试问,我们能熟视无睹吗?"

法庭里充满哭泣声,法官的眼圈也发红了,被告的良心也被唤醒,再也不矢口否认了。法庭最后通过了保护烈士遗孀不受勒索的判决。

没有证据的官司很难打赢,然而林肯成功了。这应归功于他的情绪感染,激起了听众及被告的同情心,达到了理智与情绪的有机统一,收到了征服人心的效果。

求人办事,最好找对方心情好的时候

办任何事情都应有轻重缓急之分,有的事发生后,必须马上处理,延误了时间就可能与预期目标相悖离,或是财产损失加大,或是身家性命有危。但是有些人际关系的处理,发生之时,立即解决,可能会火上浇油,使事态发展愈严重;而冷却几日,使当事人恢复理智以后再处理,就可能会大事化小,小事化了。所以,在办事过程中,处理事情,就要掌握好火候,这对事情的成败至关重要。

像我们都熟知的"将相和"的历史故事,如果蔺相如在廉颇正气势汹汹之时,去找他解释,与他理论,即使和颜悦色、平心静气,廉颇也可能一句也听不进去。这样不但不利于解决矛盾,反而极有可能引起新的冲突,使事态严重,对彼此双方更为不利。

为掌握解决冲突的"火候",有人找到了一种"10%法",即事情发生后,再等10%的时间,这10%的时间。你的朋友或对方,会因说出的话,办过的事向你道歉;这10%的时间,也使你的头脑更清醒,而不至于在盛怒之下失去控制。

受到别人的伤害,我们很可能暴跳如雷、怒发冲冠,与其如此,不如暂且迫使自己先冷静下来，然后再去想应当怎样对待，要知道大多数人不是有意要伤害我们的。

事实上，我们永远也无法避免受伤害，它是我们生活的一部分。既然如此，何必忧之恨之？除此之外，要想别人不伤害你，还要时刻想到不要伤害别人，只有这样，才能活得轻松，活得愉快，也只有这样，你才能找到为你办事的人。

需要我们立马做的事就是最重要、最紧急的事，来不得任何拖延。做完了一件事后又可依此方法对下面的事进行分类。那么我们依据什么来分清轻重缓急，设定优先顺序呢？

善于办事的高手都是以分清主次的办法来统筹时间，把时间用在最有"生产力"的地方。

面对每天大大小小、纷繁复杂的事情，如何分清主次，把时间用在最有生产力的地方呢？下面是三个判断标准：

1. 我必须做什么

这有两层意思：是否必须做；是否必须由我做。非做不可，但并非一定要亲自做的事情，可以委派别人去做，自己只负责督促。

2.什么能给我最高回报

应该用80%的时间做能带来最高回报的事情,而用20%的时间做其他事情。所谓"最高回报"的事情,即是符合"目标要求"或自己会比别人干得更高效的事情。

前些年,日本大多数企业家还把下班后加班加点的人视为最好的员工,如今却不一定了。他们认为一个员工靠加班加点来完成工作,说明他很可能不具备在规定时间内完成任务的能力,工作效率低下。社会只承认有效劳动。

因此,勤奋=效率=成绩/时间

勤奋已经不是时间长的代名词,勤奋是最少的时间内完成最多的目标。

3.什么能给自己最大的满足感

最高回报的事情,并非都能给自己最大的满足感,均衡才有和谐满足。因此,无论你地位如何,总需要分配时间于令人满足和快乐的事情,唯有如此,工作才是有趣的,并易保持工作的热情。

通过以上"三层过滤",事情的轻重缓急很清楚了,然后,以重要性优先排序(注意,人们总有不按重要性顺序办事的倾向),并坚持按这个原则去做,你将会发现,再没有其他办法比按重要性办事更能有效利用时间了。

练习分清事情的轻重缓急,逐步学习安排整块与零散时间,不要避重就轻。事情肯定会有轻重缓急,先集中时间,把最重要的先完成,不重要的拖拉了自己也不后怕。利用好零散的时间做事,可以在不知不觉中完成烦琐的杂务,这一步最重要的是不要怕办难办的事。

总之,只有在办事时把握住处理的火候,才能在短时间内把事情办得又快又好。

PART 06 办公室中的心理操纵术

把你的功劳让给上司，上司会对你奖励更多

汉代有一位能干的官吏，安民有方，平息了大灾害后的暴动。他鼓励人民垦田种桑、重建家园。经过几年治理，当地社会稳定，百姓安居乐业，这位官吏得到了人民极大的拥戴，名声响彻朝野。

皇帝突然在此时召他还朝，临行前，他座下的一位谋士突然前来求见，问他："天子如果问大人如何治理地方，大人打算怎么回答？"这位官吏坦然地回答："我会说任用贤才，使人各尽其能，严格执法，赏罚分明。"谋士连连摇头道："非也非也，此话将陷大人于不利，在天子心中，大人声名已经过

于显赫了,再自夸其功,后果不堪设想。"官员心中一惊,"功高震主"的人往往没有好下场,这样的教训已经够多了。

于是在皇帝召见时,官吏一再推辞奖赏,只说"都是天子的神灵威武感化所致",皇帝果然龙颜大悦,将他留在身边,委以显要的官职。

这个故事深刻地阐释了"做下级的,最忌自以为有功便忘了上司"这样一个道理。

在这个以自我为中心的社会中,如果有人肯大方利落地将功劳让给别人,受到礼让的人一定会大为吃惊,继而心生感激,常常会产生"我欠了此人一份人情"的想法,对此人更是好感大增。

记住永远不要让你的光芒遮盖了你的上司。具体来说是切勿冒犯上司,不抢上司的风头;做事情把握分寸,要到位而不要越位,总是比上司矮一截,任何情况下不让上司觉得你是对他有威胁的。能够做到这些,你自然就能够在陷阱重重的权利森林中得以自保,进而提升自我,获得事业的成功。

不争小利、夸大困难,向上司邀功请赏不会遭反感

职场上,很多人努力工作后,"领赏"时却发现"酬劳"远不如"付出",但碍于颜面和心理因素的影响,又不敢向上司邀功请赏。其实,这就不必了。因为掌握了技巧,向上司邀功请赏并不会遭到对方的反感。

王翦是秦始皇手下战功赫赫的大将,他协助秦始皇消灭赵王,赶走燕王,并击破楚军,但秦始皇对他仍疑心很大,怕他功高震主,所以在攻打楚军时有意重用李信将军,于是王翦称病告老还乡。

但李信在与楚军交战时受挫,秦始皇只好放下架子到王翦面前谢罪并请他出山。

王翦心里很清楚秦始皇必定对自己放心不下,于是在出发前,向秦始皇请求大量田宅园池。秦始皇问:"将军就要走了,为什么忧虑贫穷呢?"王翦

说："作为君王的将军，即使有功也不能封侯，因此趁君王信任、重用和偏向我时，我要及时请求点好处来为子孙造福。"

秦始皇听完王翦的话后开怀大笑，放心多了。此后王翦又五次派人回都请求良田，时人以为王翦的请求太过分了。

王翦却深谋远虑地说："不然，秦王粗鄙而不信人，现在倾全秦国的士兵而委任于我一人，我不多求田宅为子孙谋基业来巩固自己，反而让秦王因此而怀疑我吗？"

身处职场的人，也应该学会这招，在适当的时机跟你的老板"邀功请赏"。调查表明，很多老板在交代重要任务时常常利用承诺作为一种激励手段，对你而言这既是压力又是动力，对老板来说心理上也感到踏实、稳定，因为他坚信"重赏之下，必有勇夫"。

拉拢"关键"同事，使其在领导面前替你说话

在每个组织、单位里，都有一些业绩出色、能力特别优秀的人，也有与领导关系密切的人，领导一般会通过他们来了解下属的情况。如果与单位里的那几位"关键"的同事处好关系，使他在关键时刻替你说上几句好话，或许比你努力表现自己更加有效。

小齐与郑浩同在市教育局教研股工作。郑浩到教育局已经有7年的时间了，上上下下都人缘不错，也深受教研股长的器重，凡事都同他商量。小齐刚刚从学校毕业一年有余，与郑浩是校友，在课题研究上，具有互补性，两个人关系也不错。

后来，根据国务院有关精神，市教育局也开始精简机构，其中教研股也在精简之列。一天，小齐约郑浩出去喝酒。席间，小齐探问精简的虚实，并请郑浩帮助一下，郑浩心领神会。

教研股长同郑浩探讨人员调配，当谈到小齐时说道："小齐人倒不错，

只是太年轻了点,我考虑将他另调别处……"随后对郑浩说:"你在咱们教研股虽然岁数不大,但是经验丰富,我的安排对你研究的课题有无影响,我想听听你的意见。"此时,郑浩正在研究"小学生游戏与心理健康的关系"这一课题,教育局想把它作为一项科研成果向上级申请。郑浩说道:"课题研究进展工作比较顺利,咱们股的这些人都参与了,但是相对于心理学这一部分,真正明白的并不是很多。小齐恰恰弥补了我们这方面的不足,从我自己的角度考虑,最好不要这样安排,如果确有困难,能否延缓几个月?""让我再考虑一下吧。"股长无奈地说道。最后,小齐留了下来。

这个案例说明,通过"关键"的同事与领导间接沟通,既免除了表功之嫌,又能够得到较好的效果。

所以,在平时的交往中要注意与同事之间的交往,建立较为密切的关系。有的同事并不愿意或根本想不到做这种顺水人情。适当地提醒是必要的,不一定非要明确说明,借着酒席宴上,半真半假应付:"老兄你可是某某的红人儿,还希望在领导面前美言几句。"

不过,值得注意的是,同事的好话一般在小事上能够起到作用,但在大

的事情上,不可全部寄托于同事上面,同事可以起到铺垫的作用,具体运作还要靠自己去努力。

读懂不同类型的同事,才能制造融洽气氛

一个公司就是一个社会的缩影,各种性格的人在一个公司里都有可能遇上,有些还是工作当中无可避免的麻烦人物。面对不同性格类型的人,如何调动他们,以使大家相处融洽,促进工作顺利进展呢?

1. 推卸责任的人

对那些习惯推卸工作职责的同事,在请他们协助工作时,目标必须明确,时间、内容等要求要讲清楚,甚至白纸黑字写下来,以此为证据。不为他们所提出的借口而动摇,请温和地坚持原来的决议,表达你知道工作有困难性,但还是需要在一定范围内完成的期望。

如果他们试图把过错推给别人,不要被他们搪塞过去,你只需坚定说明那是另一回事,现在要解决的是如何达成原定的目标。如果他们真的遇到问题,除非真有必要,你不用主动帮他们解决,防止养成他们继续对你使用这招以摆脱工作的习惯。

2. 过于敏感的人

一些同事生性敏感,应尽量避免在其他人面前对他们做出可能冒犯的评语,要批评请私底下讲。即使像"有点"、"可能"、"不太"这类有所保留的语气,都会让他们心乱如麻,因此在批评时尽量客观公正,慎选你的用词,指出事实就好。尤其要让他们了解你只是针对事情本身提出意见,而不是在对他们做人身攻击。

针对他们过度的反应,你不要也跟着乱了手脚急于辩解,那可能会愈描愈黑,只要重申事情本身就好。提出意见时也同时指出他们的优点,以及表现出色的地方,以建立他们的自信心。

3. 喜欢抱怨的人

他们之所以抱怨,是因为他们在意事情的发展。如果抱怨的内容跟你负责的业务有关,最好能有立即的响应或改善;如果他们抱怨的是无关紧要的琐事,听听就算了,也不需要动气反驳。遇到问题时,问问他们觉得最好的解决方法是什么,怎么样才能避免问题再度发生,将他们的力气引导到解决问题上。

4. 悲观的人

脸上总带有悲观情绪的同事害怕失败,不愿意冒险,所以会以负面的意见阻止工作、环境上的改变。你不妨问问他们认为改变后最坏的结果是什么,事先准备好应对的方法。

与悲观的同事合作时,告诉他们如果失败的话是整个团队的责任,而不会光责怪他们,解除他们的心理压力,他们就不会在一旁唠叨。

5. 喜怒无常的人

有些同事属于黏质型的,会喜怒无常。当他们表现出喜怒无常的行为时,不要回应他们无理的行为,找个借口离开现场,等他们冷静一点再回来。面对他们的情绪失控,不要也被撩起情绪,应以冷静、客观的态度响应,陈述事实即可,不需辩解。一旦他们恢复理智,要乐于倾听他们的谈话。万一他们中途又开始"抓狂",就立即停止对话。

6. 沉默的人

办公室里总有一些不善说话、只会默默工作的同事。在与他们说话时不能语带威胁,要不带情绪并放低姿态。

花时间与他们一起将每个工作步骤写成白纸黑字,了解彼此对工作的认知。尽量让他们做自己分内的工作就好。

尽量多问一些开放性的问题,鼓励他们说话,如果他们一时无话可说就耐心等待,给他们时间思考,不用对彼此之间的沉默觉得不自在。称赞他们的成就,以符合他们需求的方式鼓励他们。

所以,在公司里,面对不同类型的同事,要把握他们各自的性格特点,积极调动,营造一个和谐融洽的工作氛围。

PART 07
操纵男女情感的心理操纵术

学名人示爱，让她不自禁地心动

当你爱上一个人时，可能久久把"爱"字藏在心里，不敢向他（她）袒露，因为害怕落花有意，流水无情，倘若说出来，连朋友都做不成了，只落得一场尴尬自己来收拾。然而你的内心又十分挣扎，总是躁动不安。与其这样，还不如向名人们学学，他们都是怎样运用巧妙示爱法来赢得爱人的心的。

1. 双关修辞法

梁实秋垂暮之年梅开二度，爱上了比他小30岁的韩菁清。一天，他们在台北梅园餐厅共餐。梁实秋点了"当归蒸鳗鱼"，韩小姐关切地说："当归味苦啊！"

梁先生若有所思地说："我这是自讨苦吃。"

韩小姐笑道："那我就是自投罗网！"

两人相视哈哈大笑，心有灵犀一点通。

梁先生和韩小姐不愧是才子和才女，他们在道明爱意时，使用了修辞法中的双关法，使爱情充满了甜蜜和幸福。

2. 实话虚说，借机抒情

1866年，陀思妥耶夫斯基的妻子玛丽亚和他的哥哥相继病逝。为了还债，他为出版商赶写小说《赌徒》，请了一位女速记员，她叫安娜·格利戈里耶夫娜，一个年仅20岁，心地善良、聪明活泼的少女。

安娜非常崇拜陀思妥耶夫斯基，工作认真，一丝不苟。书稿《赌徒》完成后，作家已经爱上了他的速记员，但不知道安娜是否愿意做他的妻子，便把安娜请到他的工作室，对安娜说："我又在构思一部小说。""是一部有趣的小说吗？"她问。"是的。只是小说的结尾部分还没有安排好，一个年轻姑娘的心理活动我把握不住，现在只有求助于你了。"他见安娜在认真倾听，便继续说："小说的主人公是个艺术家，已经不年轻了……"

安娜忍不住打断他的话："你干什么折磨你的主人公呢？"

"看来你好像同情他？"作家问安娜。

"我非常同情，他有一颗善良的心，充满爱的心。他遭受不幸，依然渴望爱情，热切期望获得幸福。"安娜有些激动。陀思妥耶夫斯基接着说："用作者的话说，主人公遇到的姑娘，温柔、聪明、善良，通达人情，算不上美人，但也相当不错。我很喜欢她。"

"但很难结合，因为两人性格、年龄悬殊。年轻的姑娘会爱上艺术家吗？这是不是心理上的失真？我请你帮忙，听听你的意见。"作家征求安娜的意见。

"怎么不可能！如果两人情投意合，她为什么不能爱艺术家？难道只有相貌和财富才值得去爱吗？只要她真正爱他，她就是幸福的人，而且永远不会后悔。"

"你真的相信，她会爱他？而且爱一辈子？"作家有些激动，又有点犹豫不决，声音颤抖着，显得既窘迫又痛苦。

安娜怔住了，终于明白他们不仅仅是在谈文学，而且是在构思一个爱情绝唱的序曲。安娜小姐的真实心理正如她自己所言，她非常同情主人公，即作家陀思妥耶夫斯基的遭遇，且从内心爱慕这位伟大的作家，如果模棱两可地回答作家的话，对他的自尊和高傲将是可怕的打击。于是安娜激动地告诉作家："我将回答，我爱你，并且，会爱一辈子。"

后来，作家同安娜结为伉俪。在安娜的帮助下，陀思妥耶夫斯基还清了压在身上的全部债务，并在短短的后半生写出了许多不朽之作。陀思妥耶夫斯基向安娜求爱的妙计，后来被世人当作爱情佳话，广为传诵。

在不敢肯定对方是否也有意于自己时，采用实话虚说的说话技巧，既能摸清楚对方的心理，又能避免在遭受拒绝时的尴尬，这不失为一个好办法。

3. 以物为媒巧设"圈套"

马克思与燕妮一直互相爱慕着对方，但谁也没有表白。进入了青年时代的马克思，有一天对燕妮说："我已经爱上了一个人，决定向她求婚。"

燕妮愣了半天，问马克思："你能告诉我你所选择的姑娘是谁吗？"

马克思答道："可以呀。"边说边将一个小方盒递给燕妮，还说道："在里面，打开它，你便会知道了，不过，只能当我离开以后……"

等马克思走后，燕妮的心里七上八下，她终于启开了盒盖，里面只有一面镜子，别无他物。燕妮恍然大悟，幸福地笑了，镜子里照出了她美丽的容颜，照出的正是被马克思深爱的燕妮自己。

聪明的马克思巧妙地借用一面镜子表达了自己的心意。虽然没有"我爱你"三个字，但是让燕妮明白了他的心思。在中国传统戏曲中也有《花为媒》、《柜中缘》，都是以某种物体为媒介，使一对有情人终成眷属。现代生活中，也可以巧用物体为媒介，借用这种媒介表达自己的感情。

莎士比亚说过："你有舌头吗？如果你不能用舌头博取女人的心，你就不配称为男人！"示爱很有可能决定你一生的爱情归宿，是一件十分严肃而又颇为困难的事，因此，你有必要费一番心思和口舌来把这件事做得漂亮成功。

爱要开口，锁住芳心

要想找到如意的另一半，享受甜美的爱情，就要大胆地去表达。只有表达，才会让别人知晓你心中所想。如果心中有爱却"金口难开"，终归会让爱神与你擦肩而过。

李刚是个帅气的小伙子，暗恋着公司里一位漂亮的女孩，却苦于不知如何表达。女孩的一颦一笑令他动心，而女孩的变化无常又让他觉得捉摸不定。他见不到女孩便坐立不安、魂不守舍。他很想向女孩倾吐自己的感情，但话到嘴边，又泄了气。为此他深感苦恼，不知如何是好。

弗洛姆在《爱的艺术》一书中指出："爱，不是一种本能，而是一种能力，可经有效的学习而获得。"这真是一句鼓舞人心的话，让渴望爱情的人充满了憧憬。那么，我们要如何找到自己心中的爱人？

吴丽是一位长得美丽且通情达理的姑娘，公司上上下下的人都喜欢她，特别是那几个还未找到女朋友的小伙子，更是有事无事都围着她转。不过，精明强干、风流倜傥的王鹏却总是一副不屑一顾的神情。

过了一段日子，传出消息说吴丽"名花有主"了，男朋友竟是公司里最不起眼的张弛。看着两人出双入对的甜蜜样子，有人不禁叹息道："唉，一朵鲜花插在牛粪上。"帅哥王鹏最为沮丧。

原来，吴丽一到公司上班时王鹏就喜欢上了她，他也看出，当自己的眼睛与吴丽相视时，她的目光亦是亮亮的、柔柔的，闪动着一种妙不可言的东西。然而，当那几个长相一般的小伙子围着吴丽转的时候，王鹏的自尊心却在作怪。因为自己长得帅，身边有不少女孩子"陪"着，就不愿屈尊去"陪"吴丽，但在心里却巴不得吴丽来"陪"自己，他一直固执地认为，这么漂亮的女孩只有我王鹏配得上。直到发现张弛赢得了吴丽的爱慕后，王鹏才知道自己输得很惨。

确实，在现实生活里，不少人看见漂亮女孩找了个相貌平平的男朋友就

会感到惋惜，认为不般配。那么，为什么这个平常的男士能赢得美丽女孩的芳心呢？别看女孩子含羞带笑，温柔文静，其实在她的心里，早就将身边的男孩一个一个地排起了队。一般来说，仪表当然是首选的，但那些肯低头、愿捧女孩的小伙子在她心目中的印象分也会提高。特别是漂亮的女孩，假如男孩能够以发自内心的关爱对其"侍奉"，即使男孩子相貌差些，说不定也能锁住她的芳心。但是在通常情况下，仪表堂堂的小伙子就做不到这一点。由于自己长得帅，身边不缺女孩，自视身价不低，怎么可以屈尊？因此，即使漂亮的女孩起初会被其外表打动，但从长远考虑，假如以后一辈子受这样的"美男人"的牵制，倒不如找一个能够呵护自己的男士过日子。只要自己感觉幸福，别人爱怎么说就怎么说好了。

因此，所有想找漂亮女孩做女朋友的小伙子，当你爱上她时，千万别学这位帅哥王鹏，一定要"爱她在心就开口"，不然的话，吃亏的可就是你自己了。当然，女孩也一样，有了自己中意的白马王子，也不要太矜持，不然中意的人也要被抢走了。

爱到深处，不妨"趁火打劫"

恋爱中最痛苦的莫过于单相思，喜欢你的人，你不喜欢；你喜欢的人，不喜欢你。正所谓"强扭的瓜不甜"，恋爱是两个人的事，勉强的感情不会幸福，只能造成彼此之间的折磨和痛苦。生活中有太多的不完美和无奈，每当我们情到深处，爱一个人爱到疯狂的时候，上苍似乎总喜欢捉弄我们，难道"爱"的温度是零？"爱"不能温暖和融化对方的心吗？喜欢一个人最后却只能远远地望着他（她）吗？

生活中我们总是经历着这样的事情：某一个人深深地吸引着你，你愿意看他疯狂地踢球，然后悄悄装作球迷递上你的爱心饮料；你愿意看他忘我地打游戏，自己却装作陌生人坐在他的旁边陪着他；你习惯在同一条路上同一个时间等待他的出现；你希望有一天能跟他做朋友……但是，你却发现他已经有心爱的人。

爱是私有财产，爱是没有先后，没有对错的。爱是勇敢的争取而不是卑怯的放弃。所以，要想抓住喜欢的人的心，首先要学会"趁火打劫"。

"趁火打劫"原意是，趁人家家里失火，一片混乱，无暇顾及的时候去抢人家的东西。趁机捞一把。所以，趁火打劫的行为一直为人们所不齿，因为乘人之危毕竟显得不太光明，非君子之道。但是，在爱情战争这里是指，当对方在最失意、最痛苦的时候，送上你的温暖，最容易打动对方的心。因为，在一个人最脆弱的时候，如果有人陪着他（她），他们会感到异常的温暖和欣慰，会因此敞开自己的心扉，甚至把你当成自己人，拉近彼此之间的心理距离。其实，爱情本来就是自私的、盲目的、没有对错的，你不趁火打劫，自有其他人来打劫。爱情不施点小诡计，很难争取到自己想要的。因为，堕入情网的人都是戴着面具跳舞，彼此指尖可触，但是陌生的又那么遥远。

在爱情中，要了解对方所需，在他（她）最需要的时刻送上自己的帮助，但一定要心存善意和真诚，否则弄巧成拙，只会引火上身。还要把握住"打劫"的度，千万不要让这个本来是联系感情的好时机，变成对方厌烦你的时刻。

在《恋爱兵法》这部电视剧中，王文清和金正浩之间的"爱情战争"中，就经常采用"趁火打劫"这一招，王文清要负责欧阳明明的行程宣传，而金正浩要负责公司的管理，两人都有难以分担给其他人的责任，也有因为工作而焦头烂额的时候，所以，这时采用"趁火打劫"的一方往往能收到奇效，捕获自己的爱情。

人是有感情的动物，或许使很多人习惯冰封着自己的心，总是一副拒人于千里之外的样子，让人无法靠近，但其实，他（她）一直在等待一份能温暖自己心的"爱"。

我们要学会"趁火打劫"，在最恰当的时刻，最恰当的关头，最合适的尺度进行"打劫"，这样才能"劫"得自己的"爱"。

PART 08
自我心理操纵术

悦纳自我的战术

布鲁斯·巴顿曾说过:"只有那些敢于相信自己内心有某种东西能够战胜周围环境的人,才能创造辉煌。"所以,悦纳自我,不仅是认识自我的一种境界,是我们在现代社会所应具有的素质,也是我们走向成功必须具备的自我操控能力。

那么,我们具体应该怎么做呢?总的来说,悦纳自我可以通过两个方面来实现:

第一,时刻告诉自己:"我是最棒的。"

基安勒很小的时候,随母自意大利到了美国,在汽车城底特律度过了悲惨的童年,痛苦和自卑成为他的不良印痕。

他那碌碌无为的父亲告诉他:"认命吧,你将一事无成。"这个说法令他沮丧,他老是想着自己苦闷的前程。

有一天,母亲告诉他:"世界上没有谁跟你一样,你是独一无二的。"

从此,他燃起了希望之火,他认定他是第一,没人比得上他。自信奠定了成功的基础。

他第一次去应聘时,这家公司的秘书要他的名片时,他递上一张黑桃A。结果立刻得到面试的机会。经理问他:"你是黑桃A?"

"是的。"他说。

"为什么是黑桃A？"

"因为A代表第一，而我刚好是第一。"

这样，他被录用了。

想知道后来的基安勒吗？他成功了，真的成了世界第一。他一年推销1425辆车，创造了吉尼斯纪录。

基安勒每天临睡前都要重复几遍说："我是第一。"然后才入睡。这种鼓舞性的暗示坚定了他的信心和勇气，使他的个性得到了有力的强化。

告诉自己："我是最棒的"，因为每个人都是独一无二的。只有这样鼓舞和接受自己，在生活中的各种事情上才会有勇气、有力量面对，才会不卑不亢，从容应对。

第二，做到从容、自信。

世界名著《简·爱》中的男主人公罗彻斯特身为庄园主，财大气粗，他对女主人公说过："我有权蔑视你。"他自以为在地位低下且其貌不扬的简·爱面前，有一种很"自然"的优越感。

简·爱坚决地维护自己的尊严，反唇相讥："你以为我穷，不好看就没有自尊吗？不！我们在精神上是平等的！正像你和我最终将通过坟墓平等地站在上帝面前。"这番话强烈地震撼了罗彻斯特，使他对简·爱产生了由衷的敬佩。

一个人只要不是情操低下，行为卑劣，那就无论能力大小、地位高低、条件好坏，都应有充分的自信，而不应自感低人一等，这种平等观念在处世中是应具备的。

心理学家经过研究认为，希望自己受人尊重，爱好荣誉这都是每个人的高级心理需求，是无可厚非的。虽然想受人尊重要经过别人的权衡,实际上却取决于每个人自尊的程度,也就是说人格品性、道德修养的高尚或低下。一个品格高尚、涵养很深的人,也就是所谓德高望重之士,必然受到人们的尊重。反之,小人的品性低劣,没有涵养,自轻自贱,肯定不会得到别人的尊重。

现实生活中,人需要彼此尊重,在比自己强的人面前,不要畏缩;在比自己弱的人面前,不要骄纵。学问有深浅,地位有高低,但所有的人,人格都是平等的。

塑造自信的战术

莎士比亚曾指出,自信是走向成功之路的第一步,缺乏自信是失败的主要原因。而在现实生活中,我们很容易看到别人的优点,但我们很少能看到自己的长处及自己的价值。这也许是一种传统教育下过度谦虚的表现。

美国的赫里丝女士,发起了一个叫作蓝色缎带的运动,希望能在2000年的时候每一个美国人都能拿到一条漂亮的蓝色缎带,上面写的话语就是"我可以为这个世界创造一些价值"。她到处散发这样的缎带,鼓励大家把缎带送给家人和朋友,谢谢这些在我们四周的人。

赫里丝也四处演讲,强调每个人的价值。结果因为这些缎带的传送,引发了许多感人的故事,也改变了许多人的命运。

其中有一个故事十分发人深省:有一次,这位女士给了一个朋友三条缎带,希望她能送给别人。这位朋友送了一条给她不苟言笑、事事挑剔的上司,她觉得由于她的严厉使自己多学习了许多东西;另外,她还多给了一条缎带,希望自己的上司能拿去送给另外一个影响她生命的人。

她的上司非常惊讶,因为所有的员工一向对她家长式的作风敬而远之。她知道自己的人缘很差,没想到还有人会感念她严苛的态度,把这当作是正面的影响,而向她致谢,这使她的心顿时柔软起来。

这个上司一个下午都若有所思地坐在办公室里,而后她提早下班回家,把那条缎带给了她正值青少年期的儿子。她们母子关系一向不好,平时她忙于公务，不太顾家，对儿子也只有责备，很少赞赏。那天，她怀着一颗歉疚的心，把缎带给了儿子，同时为自己以往的态度道歉。

她告诉儿子，其实他的存在带给她无限的喜悦与骄傲，尽管她平时疏忽了对他的称赞，也少有时间与他相处，但是她是十分爱他的，也以他为荣。

当她说完了这些话，儿子竟然号啕大哭。他对母亲说：他以为母亲一点也不在乎他，他觉得人生一点价值都没有，他不喜欢自己，恨自己不能讨母亲的欢心，正准备以自杀来结束痛苦的一生，没想到他母亲的一番言语，打开了心结，也救了他一条性命。这位母亲吓得出了一身冷汗，自己差点失去了独生的儿子而不自知。从此，她改变了自己的态度，调整了生活的重心，也重建了亲子关系，加强了儿子对自己的信心。就这样，整个家庭因为一条小小的缎带而彻底改观。

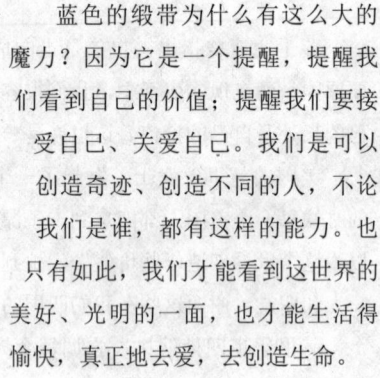

蓝色的缎带为什么有这么大的魔力？因为它是一个提醒，提醒我们看到自己的价值；提醒我们要接受自己、关爱自己。我们是可以创造奇迹、创造不同的人，不论我们是谁，都有这样的能力。也只有如此，我们才能看到这世界的美好、光明的一面，也才能生活得愉快，真正地去爱，去创造生命。

至于如何去塑造自信，主要有三个途径：

第一，喊出属于你的声音。

真正自信的人，不会在乎别人对自己的评判，更不会活在别人的价值标准下。许多人能够取得令人瞩目的成就，就在于他们敢于揭掉别人为自己贴上的"标签"，用自己的方式实现自我，喊出属于自己的声音，走出属于自己的道路。

第二，相信你是最优秀的。

正如德莱顿所指出的，信心可以使一个人得以征服他相信可以征服的东西。

十来岁时，惠特尼·休斯敦在她母亲——20世纪60年代美国"甜美灵感"乐队创始人的密切关注下，培养出了良好的歌唱才能。休斯敦17岁那一年，一次她正在为当晚与她母亲同台演出的演唱会做准备时，突然接到了她母亲打来的声音嘶哑的电话："我的嗓子坏了！不能唱了……"听到母亲的话后，休斯敦很着急地说："我总不能一个人上台去唱啊！"她的母亲却对她说："你完全能够一个人唱，因为你很棒！"休斯敦自己也认为自己可以一个人胜任，于是，她第一次独自走上了舞台。结果是，休斯敦因此一唱而成了美国的王牌歌手。

休斯敦的成功是一次意外促成的，但更重要的是，她拥有坚定的自信，并把握好了这次难得的机会。如果休斯敦对自己缺乏必要的信心，不敢独自登台表演，也许美国就少了一个王牌歌手。

对自己缺乏自信的人，往往给人一种谦逊大度的表象。其实，这种对自己正确认识的否定，与谦逊的美德无关，那纯粹只是一种缺乏自信的表现。这不由得让人想起古希腊大哲学家苏格拉底临终前所留下的一句名言："你自己就是最优秀的！"

第三，要懂得欣赏自己。

海伦·凯勒曾说过："信心是一种心境，有信心的人不会在转瞬间就消沉沮丧。"

不管你是美是丑，也不管你活得伟大还是渺小，都要学会欣赏自己。生而为人，每个人都有为人生奋斗和享受的权利和资格。看看你的周围，有那么多美好的事物，你看得见，摸得着，感觉得到——那不就是生活本身吗，那种感觉不就是你的幸福吗？为什么一定要把目光集中到自己的缺点和不足上呢？

如果自己不会欣赏自己，就容易对生活失去信念和希望，自暴自弃。这对你的生活没有半点好处。要懂得欣赏自己，才会发现和塑造属于自己的美。

在你被繁重的学业或生活巨大的压力所左右的时候，不妨歇一会儿。不要只顾在匆匆行程中奔波，把烦恼和自怨塞进行囊。在夜望星辰的时候，泡上一壶清茶，抽空欣赏一下自己，你会很惊奇地发现：其实，你很出色。

缓解压力的战术

人活着就会感受到压力。没有人是可以"免疫"的，不管你喜欢与否，压力是生活的一部分，会每天伴随着我们。

在现代社会中，压力普通存在于人们的生活中，它是人们进取的动力，但也可能会带给人们各种身心疾病，破坏人们的生活质量。心理专家认为，适度的压力虽然可以激发人的潜能，但是如果压力过度，就会引起生理上的不良反应，比如心跳加快、心情紧张、血压升高、腹胀、失眠，等等。当压力很大时，就会产生疾病，比如心脏病、高血压、偏头痛、胃溃疡等等。另外，过大的压力还会造成心理上的忧虑、沮丧、恐惧、消沉、心悸、急躁等不良反应。

生活本来就是丰富多彩的，任何人的生活都不会一成不变。我们需要一帆风顺的快乐，但也要接受挑战和压力带给我们的磨炼。缺了谁，我们的生活都会显得有几分单调。

那么，面对生活和工作中的压力，又有哪些好方法可以帮助我们缓解这些压力呢？

1. 做做减压呼吸操

当你感觉压力很重时，最简单、快速的方法就是做深呼吸运动，在深吸一口气后，闭气二三秒，再微微张开嘴巴，缓缓吐气，在吐气过程中闭上双眼，尽量少受到外界声音、光线的影响。如此反复做几次，可使血液循环恢复正常，心跳减速，心情自然会慢慢平静下来。

2. 说出压力

当你感觉千头万绪，不知所措时，与其自己一个人郁闷、烦恼，不如找一位知心好友，或专业辅导员，或有经验的长辈，说出内心的恐惧和问题。有时候，你所遇到的问题并不严重，只是你在心慌意乱时无法冷静思考，如果能够经过倾吐、发泄，或听听别人的意见，而看清问题的症结所在，找出解决方法，即可豁然开朗。

3. 用户外运动缓解压力

压力大时，可适当进行一些户外运动，如步行、慢跑、爬山等等，这样使全身肌肉松弛，紧张压力随之而解。

4. 打出压力

如果压力是来自权威的力量而又无法当面发泄时，可找一个沙袋或布偶等痛打一阵，可适当舒解内心压力。

5. 静坐可帮你"坐"出压力

静坐是道教中的一种基本修炼方式。通过静坐，能够使人体阴阳平衡，经络疏通，气血顺畅，还能有效地排除心理障碍。不过，初学者必须先请专人指点正确坐姿和相关理论再尝试，比如坐姿，静坐时必须端正坐姿，端坐于椅子上、床上或沙发上，面朝前、眼微闭、唇略合、牙不咬、舌抵上腭；前胸不张，后背微圆，两肩下垂，两手放于下腹部，两拇指按于肚脐上，手掌交叠捂于脐下；上腹内凹，臀部后凸；两膝不并（相距10厘米），脚位分离，全身放松。如果方法正确，你可在静坐中，借有规律的呼吸，将肌肉放松，同时使心灵宁静无杂念，让思绪清新。

6. 泡泡热水澡同样可以减压

很多人喜欢淋浴，其实泡泡热水澡对压力大的人来说是个很不错的选择。泡热水澡可以促进血液循环，增强新陈代谢，使肌肉松弛，减轻压力，消除人体疲劳。但是，洗热水澡也有讲究，一般说来，饭前饭后不要洗热水澡，因为这时洗澡，肝脏和肠胃的血液就会集中到身体的表面，从而抑制胃酸的分泌，影响食物的消化和人体对食物的吸收。

第二篇

心理博弈术

PART 01
洞悉人性，拿捏分寸

对方再谦虚，也不要过分表现自我

在与人交往的过程中，我们总能遇到一些谦虚有礼的人。他们总是客套地说"如有不周之处，还请多多指教"、"请多提宝贵意见"、"很多方面还需要向您多多学习"……

事实上，虽然说人要想得到别人的认可，就得善于表现自我，但是表现过分反而会遭到别人的反感，以至于让你寸步难行。因此，适当地低调一些，适度地隐藏自己的实力是明智之举。

柳萍刚下岗，她好不容易请理发店老板同意把她留下来工作，她觉得应

该主动找事做。于是,她每天赶在大家起来之前,就把地擦了,把所有的理发器具也擦得一尘不染。

柳萍没想到的是,自己的"过分表现"却引起了别人的不痛快。原先负责搞清洁的女孩,虽然表面跟柳萍客客气气,常说"做得不好的地方还请多多批评"一类谦虚的客套话,背地里却老跟柳萍过不去,总给她打小报告。幸好后来有了个机会,才使两人消除了误会。柳萍这才意识到自己无意中把别人的工作抢了。

很多刚走出校门的毕业生,都有大干一番事业的豪情壮志,所以到了新单位,干什么事都想冲在前面,希望给别人留一个好印象,尤其是遇到谦虚的上司。实际上,这样高调张扬的表现反而容易弄巧成拙。

不仅是在职场,商场、情场等亦是同理。与他人打交道,就要做一个有心计的人,在刚开始相互接触或接手某些事情的时候,学会低调,适当地隐藏自己的实力,对方再怎么谦虚,也不应该过分表现自己。只有这样,才能登上成功的宝座,而且坐得稳。

讨人喜欢的吹捧,既要捧得响又要捧得恰当

有政治和权力争斗的地方就会有完美的马屁精,他已经掌握了欺骗的艺术。他奉承、臣服于自己的领导者,却能够对别人间接而优雅地维护他自己的权力。学习和应用拍马屁的规则吧,这样你的前途将无可限量。

要把马屁拍响,首先必须找准对方的"心窝"所在,这样才能做到有的放矢。而且,在拍得响的同时,还要拍得恰当。摸透了对方的心思,再有针对性地加以吹捧,满足对方的欲望,才有可能得到对方的赏识。

周末员工聚餐,经理在路上指着一个路人的皮包说:"这个包蛮别致的,不知在哪儿买的?"

说者无心,听者有意,半个月后,莉莉就把一个同样款式的皮包送到了

经理的办公室:"经理,我上周去参加客户的发布会,人家给了个商场的消费卡,到商场一看,正好有这个款式的皮包,我就帮您选了一个,您看喜不喜欢?"

经理站起身说:"不行不行,你留着自己用吧。"莉莉连忙说:"难得您看中一件东西,说真的,您的眼光就是和别人不一样。再说没您的照顾,我哪有机会参加那个发布会啊!"

于是经理又拿出一张请柬说:"下周五在国宾饭店有个酒会,我也不喜欢凑热闹,你替我去吧。"莉莉接过请柬,假装埋怨地说:"看您说的,好像您真老了似的,上次参加发布会好几个女客户还问我,您怎么那么年轻啊!"说得经理面露喜色,其实经理已经50多了。

过于吹捧领导,会让领导觉得华而不实,像莉莉这种言行并举的溜须者,怎能不让上司喜笑颜开?对这么懂事的下属,上司当然另眼相看了。

莉莉的成功之处在于她抓住了经理爱美、怕老的心理,非常自然地加以吹捧,让慨叹年华已逝的经理得到了心理的愉悦,莉莉的皮包也没有白送。

无论出发点是什么,想和对方攀上关系,把马屁拍到位,应该注意的问题有很多:

1. 要讲究场合

在众目睽睽之下是不便施展马屁功夫的。对方本人可能会觉得你多事,而旁观者更会鄙薄你的为人。所以在公开场合拍马屁不但对对方有碍,也对自己有失。与人拉关系,尤其是领导,最好是在私下闲聊时,或者在茶余饭后轻松的场合,选择对方情绪较好的时候,似乎不经意地轻轻一拍,最容易切中其心意,使拍与被拍者皆大欢喜。正如前面的两个例子,莉莉选择在经理办公室送出皮包不显失礼,吴华在大庭广众之下大行吹捧却搞得人憎鬼厌,可见,拍马屁时场合是必须小心留意的一大要素。

2. 要讲究手段

恰到好处的马屁效果绝对胜过一万句不着边际的恭维。同时叫好,知道好在哪里,有针对性地叫好比空洞地叫好有价值得多。

完美马屁精们将"精神贿赂"进行到底,让后人茅塞顿开。如写就一篇文章,明明很简单的字却故意写错,目的是方便领导审阅时能"指正"出来,以显示领导的英明。

3. 要做调查研究

欲攀关系的对象喜欢什么，不喜欢什么，性格怎样，脾气如何，你都应该掌握。而这些信息的获得，当然不能离开调查研究。第一是你自己在与其接触的过程中细心观察，小心体味；第二是多打听细查问，从对方的身边人那里套取情报。当然，调查工作以不露声色为上，不然大张旗鼓研究一个人，岂不显得太过诡异？

4. 要委婉自然

拍马屁不是生搬硬套、七拐八绕，硬拍强拍，说出来的话荒谬可笑，很容易引起上司的厌恶和鄙视。人们常说的那个"局长，您也亲自上厕所"的笑话便是一例。拍马屁必须讲究委婉自然的风格，顺理成章，似不经意，却又不一语中的，才能让上司心满意足地接受。

以诚动人，抓住他人心

人与人之间的交流如果想要说服对方认同你的观点，靠的是以诚服人、以情服人、以理服人、以德服人，这是感情、知识和心智力量使然。情感的力量是情感的认知和共鸣，知识的力量能使人们信服观点的论证，心智的力量则能使人们接受辩手本身，并进而在有意无意中相信和支持你的论证与反驳。

正如一位诗人所言："动人心者，莫过于情。"抓住了对方的心，与对方交谈也就成功了一半。

如果为人真诚，说话之前先有了真诚的心，那么即使是"笨嘴拙舌"也是没有什么关系的。有太多的事例一再说明，在与人交流时表达真诚要比单纯追求流畅和精彩更重要。

1915年，小洛克菲勒还是科罗拉多州一个不起眼的人物。当时，发生了美国工业史上最激烈的罢工，并且持续达两年之久。愤怒的矿工要求科罗拉多燃料钢铁公司提高薪水，小洛克菲勒正负责管理这家公司。由于群情激奋，公司的财产遭受破坏，军队前来镇压，因而造成流血，不少罢工工人被射杀。

那种情况，可说是民怨沸腾。小洛克菲勒后来却赢得了罢工者的信服，他是怎么做到的呢？原来小洛克菲勒花了好几个星期结交朋友，并向罢工代表发表了一次充满真情的演说。那次的演说可谓不朽，不但平息了众怒，还为他自己赢得了不少赞誉。演说的内容是这样的：

"这是我一生当中最值得纪念的日子，因为这是我第一次有幸能和这家大公司的员工代表见面，还有公司行政人员和管理人员。我可以告诉你们，我很高兴站在这里，有生之年都不会忘记这次聚会。假如这次聚会提早两个星期举行，那么对你们来说，我只是个陌生人，我也只认得少数几张面孔。上个星期以来，我有机会拜访整个附近南区矿场的营地，私下和大部分代表交谈过，我拜访过你们的家庭，与你们的家人见过面，因而现在我不算是陌生人，可以说是朋友了。基于这份互助的友谊，我很高兴有这个机会和大家讨论我们的共同利益。由于这个会议是由资方和劳工代表所组成，承蒙你们的好意，我得以坐在这里。虽然我并非股东或劳工，但我深觉与你们关系密切。从某种意义上说，也代表了资方和劳工。"

这样一番充满真诚的话语，可能是化敌为友最佳的途径。假如小洛克菲勒采用的是另一种方法，与矿工们争得面红耳赤，用不堪入耳的话骂他们，或用话暗示错在他们，用各种理由证明矿工的不是，那结果只能是招惹更多怨恨和暴行。

真诚待人，展现人格魅力，这也是争辩的一种方法，它是某些人的特质。一个真诚的人，一个具有人格魅力的人，即使不能舌绽莲花，也可以让一个能言善辩的人哑口无言。

PART 02
以心交心，互惠互利

激起"心理共鸣"，让他感觉帮你像在帮自己

在人际交往过程中，"心理共鸣"是一种以心交心的有效方式，也是一门非常微妙的相处艺术。它不仅可以拉近交际双方心灵的距离，而且可以在你求人办事过程中发挥强大的促进作用。

不过，虽然人与人之间本来就有许多地方是相同的，但是要产生共鸣，还需要相当的说话技巧。当你对另一个人有所求的时候，最好先避开对方的忌讳，从对方感兴趣的话题谈起，不要太早暴露自己的意图，让对方一步步地赞同你的想法，当对方跟着你走完一段程时，便会不自觉地认同你的观点。

伽利略年轻时就立下雄心壮志，要在科学研究方面有所成就，为此，他希望得到父亲的支持和帮助。

一天，他对父亲说："父亲，我想问您一件事，是什么促成了您同母亲的婚事？"

"我看上她了。"父亲不假思索地答道。

伽利略又问："那您有没有娶过别的女人？"

"没有，孩子。家里的人要我娶一位富有的女士，可我只钟情于你的母

亲,她从前可是一位风姿绰约的姑娘。"

伽利略说:"您说得一点也没错,她现在依然风韵犹存。您不曾娶过别的女人,因为您爱的是她。您知道,我现在也面临着同样的处境。除了科学以外,我不可能选择别的职业,我对它的爱有如对一位美貌女子的倾慕。"

父亲说:"像倾慕女子那样?你怎么会这样说呢?"

伽利略说:"一点也没错,亲爱的父亲,我已经18岁了。别的学生,哪怕是最穷的学生,都已想到自己的婚事,可是我从没想过那方面的事,以后也不会。因为我只愿与科学为伴。"

伽利略继续说:"亲爱的父亲,您有才干,但没有力量,而我却能兼而有之。为什么您不能帮助我实现自己的愿望呢?我一定会成为一位杰出的学者,获得教授身份。我能够以此为生,而且比别人生活得更好。"

说到这,父亲为难地说:"可我没有钱供你上学。"

接着伽利略又说:"父亲,您听我说,很多穷学生都可以领取奖学金,这钱是公爵宫廷给的。我为什么不能去领一份奖学金呢?您在佛罗伦萨有那么多朋友,您和他们的交情都不错,他们一定会尽力帮忙的。他们只需去问一问公爵的老师奥斯蒂罗·利希就行了,他了解我,知道我的能力……"

父亲被说动了:"嗯,你说得有理,这是个好主意。"

伽利略抓住父亲的手,激动地说:"我求求您,父亲,求您想个法子,尽力而为。我向您表示感激之情的唯一方式,就是……就是保证成为一个伟大的科学家……"

伽利略最终说动了父亲,他实现了自己的理想,成为一位伟大的科学家。

这里,伽利略请求

父亲帮忙，采用的是"心理共鸣"的说服方法。这种方法一般可分为以下四个阶段：

1. 导入阶段。先顾左右而言他，以对方当时的心情来体会现在的心情。例如，伽利略先请父亲回忆和母亲恋爱时的情形，引起了父亲的兴趣。

2. 转接阶段。伽利略巧妙地通过这句话把话题转到自己身上："我现在也面临着同样的处境。"

3. 正题阶段。提出自己的建议和想法。伽利略提出"我只愿与科学为伴"，这也正是他要说服父亲的主题。

4. 结束阶段。明确提出要求。为了使对方容易接受，还可以指出对方这样做的好处。伽利略正是这样做的，他说："……为什么您不能帮助我实现自己的愿望呢？我一定会成为一位杰出的学者，获得教授身份。我能够以此为生，而且比别人生活得更好。"

正是巧妙运用了"心理共鸣"的方法，伽利略终于达到了自己的目的，为最终实现自己的理想奠定了基础。

那么，在日常生活中，我们也不妨试着用这种方法求助别人，它往往会带来让你满意的结果。

帮别人的同时，也是在帮自己

罗曼·罗兰曾说过："只要还有能力帮助别人，就没有权利袖手旁观。"没错，永远不要吝惜对别人的帮助，在帮助别人的同时，你也正是在帮助你自己，你将从中不断收获幸福和快乐。

有一个盲人，在夜晚走路时手里总是提着一个明亮的灯笼。别人见了觉得非常奇怪，问他："你自己根本看不见，为什么还要打着灯笼走路呢？"盲人回答道："这个道理很简单，这个灯笼当然不是为了给我自己照路，而是为别人提供光明，帮助别人看清道路。也只有这样，别人才能看见我，不会撞到我身上，我的安全才有保证。"

当盲人无私地为他人着想、方便他人时，恰恰帮助了自己，给自己带来了方便。如果每一个人都能够像盲人这样学会帮助别人、关心别人，我们这个世界一定会变得更加美好。

帮助别人就是帮助自己，有时，仅仅只是举手之劳，却解决了人家的大麻烦、大问题，我们又何乐而不为呢？你也许会说，帮助别人需要耗费你大量的精力、体力，耽误你的时间，但要知道，你的付出，不仅能助他人一臂之力，而且能给对方带来力量和信心，使他们有更大的勇气去战胜困难。特别是当一个人遇到挫折、处于逆境之中时，如果我们能热情相助，那将犹如雪中送炭，别人也定会有"滴水之恩，当涌泉相报"的感激。"危难中见真情"，很多人在受到别人真诚的帮助后，总能以更真诚的感激报答别人，你为他人所做的一切将为你赢得尊重、感激、信任等弥足珍贵的感情。

古往今来，人与人之间的交往实质是一种平等互惠的关系，也就是说，你对别人怎么样，别人就会怎样对你。你帮助我，我就会帮助你，正所谓"投之以桃，报之以李"，一个人只有大方而热情地帮助和关怀他人，他人才会给你帮助。所以你要想得到别人的帮助，你自己首先必须帮助别人。

有些时候，我们在帮助别人的同时，还能收获到意外的利益。

我们帮助别人的时候，还能给自己带来精神上的欢愉和满足，这本身也是一件值得自豪的事。

不报复对方，也是在为自己开路

常言道："多个朋友多条路，少个仇人少堵墙。"意思就是说，多结交一个朋友，就等于多为自己开辟了一条路；而得罪一个人，就为自己堵住了一条去路。人与人之间，只要矛盾还没有发展到你死我活的地步，总是可以化解的。记住中国有句老话："冤家宜解不宜结。"相识就是缘分，还是少结冤家为好。

东汉时有个叫苏不韦的，他的父亲苏谦曾做过司隶校尉。李皓由于和苏谦有隙，怀着个人私愤把苏谦判了死刑，当时苏不韦只有18岁。他把父亲的灵柩送回家，草草下葬，又把母亲隐匿在武都山，自己改名换姓，用家财招募刺客，准备刺杀李皓，但事不凑巧，没有办成。很久以后，李皓升迁为大司农。

苏不韦就和人暗中在大司农官署的北墙下开始挖洞，夜里挖，白天躲藏起来。干了一个多月，终于把洞挖到了李皓的寝室下。一天，苏不韦和他的人从李皓的床底下冲出来，不巧李皓上厕所去了，于是他们杀了他的小儿子和妾，留下一封信便离去了。李皓回屋后大吃一惊，吓得在室内布置了许多荆棘，晚上也不敢安睡。苏不韦知道李皓已有准备，杀死他已不可能，就挖了李家的坟，取了李皓父亲的头拿到集市上去示众。李皓听说此事后，心如刀绞，心里又气又恨，又不敢说什么，没过多久就吐血而死。

李皓只因为一点私人恩怨，就置人于死地，而苏不韦一生之中只为报仇，竭心尽力。李皓不忍小仇，结果招致老婆孩子被杀，死了的父亲也跟着受辱，自己最终气愤而死，被天下人笑话，实在是太愚蠢了。

正所谓"得饶人处且饶人"，在人际交往中，最好想办法化敌为友。这样人生之路就会走得平坦许多，顺畅许多，而且还可能会有意外的收获。

人在世上，有一个敌人不算少，有一百个朋友不算多。带着尊重的心理原谅别人，收缴他心中的锐器。让别人对自己有所依赖，或者让自己对别人有所帮助，这样，朋友会越来越多，而仇敌会越来越少。

正如古希腊哲学家毕达哥拉斯所言："要这样生活：使你的朋友不致成为仇人，而使你的仇人却成为你的朋友。"放开眼界，收起报复的心态，以一种大度宽容的方式对待周围的人，即便不能都使其成为朋友，也能避免使其站到自己的对立面去。

PART 03
将心比心，换位思考

想钓到鱼，就要像鱼一样思考

我们常说"以小人之心，度君子之腹"，也就是说，在人际交往中我习惯以己度人，习惯用自己的标准去衡量别人的行为，衡量周围的事物，并把自己的感情、意志、特性投射到其他事物上，结果不仅产生了误会还造成了预想破产，现实失利。为何会产生这样的结果呢？因为我们过于自信，自己的思考忽略了周围事物的独特个性，限制了视野，因此也很难触摸到成功。

有一位资深的营销培训专家讲过这样一堂生动的课,他说,自己很小时随父亲一起去钓鱼,但是,每次父亲总是凯旋而归,而自己却一无所获。沮丧的他向父亲请教:"为什么我连一条鱼也钓不到,我钓鱼方法不对吗?"他的父亲告诉他:"孩子,不是你钓鱼的方法不对,而是你的想法不对,你想钓到鱼,就得像鱼那样思考。"

"像鱼那样思考"到底是什么意思呢?很多年后他才慢慢悟到,原来鱼是一种冷血动物,对水温十分的敏感。所以,它们通常更喜欢待在温度较高的水域。但是,一般水温高的地方阳光也比较强烈,鱼因为没有眼睑,阳光很容易刺伤它们的眼睛。所以,鱼会选择待在阴凉的浅水处。浅水处水温较深水处高,而且食物也比较丰富。但处于浅水处还要有充分的屏障,比如茂密的水草下面,这样它们才更容易躲避危害而不受外界的侵害。所以,只有你把鱼钩放在这里才能钓到又多又好的鱼。

这就传达给我们一个重要的理念,你要会换位思考,会站在对方的立场想问题才能无往而不胜。这也应了那句俗话"要想公道,打个颠倒",比如,你在面试时,要从用人单位和主考官的角度出发,站在他们或者他们所在的单位、部门、公司的角度出发,表现为他们理想中的"人才",这样才能达到成功的效果。美国前总统林肯就曾这样说过,"我会用三分之一的时间来思考自己以及要说的话,花三分之二的时间来思考对方以及他会说什么话。"也就是告诉我们,无论做什么事情,要做到知己知彼,有的放矢,就必须首先做到换位思考。

不揭对方伤疤,他不痛你也好过

暴露别人的隐私,对任何人来说,都不是令人愉快的事。不去提及他平日认为弱点的地方,是懂得为人处世的表现。因为你不给相处的人造成伤痛,大家才能长期愉快相处,否则你自己也不好过。

小李长得高大英俊,在大学校园内有"恋爱专家"的雅号。如今他是一家外资公司的高级职员,英俊的长相和丰厚的薪水使他在众多的女友中选上了貌若天仙的丽。也许是为了炫耀自己的能耐，小李带着丽去参加朋友聚会。

就在大家天南海北闲谈的时候，"快嘴王"换了话题，谈起了大学校园罗曼蒂克的爱情故事，故事的主人公自然是"恋爱专家"小李。"快嘴王"眉飞色舞地讲述小李如何引得众多女生趋之若鹜，又如何在花前月下与女生卿卿我我。丽开始还觉得新奇，但越听越不是味，终于拂袖而去。小李只好撇下朋友去追丽。

"快嘴王"不是有意要揭小李的伤疤，但他的追忆往事确实使丽难以接受，无端捅出娄子。这不仅使小李要费不少周折去挽回即将失去的爱情，而且使在场的人心里也都大不高兴，自然也会影响到自己的人际关系。

在朋友聚会时，捡愉快的事说是活跃气氛的好办法，但口下留情很重要，千万不要揭别人的伤疤，否则，你就会成为不受欢迎的人。说话应该谨言慎行，给语言的刀子加上一把鞘。

在中国素有所谓"逆鳞"之说，即使再驯良的龙，也不可掉以轻心。龙的喉部之下约直径一尺的部位上有"逆鳞"，全身只有这个部位的鳞是反向生长的，如果不小心触到这一"逆鳞"，必会被愤怒的龙所杀。其他的部位任你如何抚摸或敲打都没关系，只有这一片逆鳞无论如何也接近不得，即使轻轻抚摸一下也犯了大忌。

所以，我们可以由此得知，无论人格多高尚、多伟大的人，身上都有"逆鳞"存在。只要我们不触及对方的"逆鳞"就不会惹祸上身。所以说，所谓的"逆鳞"就是我们所说的"痛处"，也就是缺点、自卑感，针对这一点我们有必要事先研究，找出对方"逆鳞"所在位置，以免有所冒犯。

然而，世间人的性格类型却是千奇百怪。我们说左，他说右，那我们说右，他偏又非说左不可，像这样永远和别人唱反调的人也不少。就算不至于如此偏激，但也有人总固执地坚持自己的立场，或自己的意见；明明是少数意见，却绝不接受他人的任何意见；也有人顽固地认定只有自己的做法和想法才是天底下最正确的。当然也有掩藏自己心底的企图而试探对方的心意，不惜唯唯诺诺，奉承拍马屁，迎合对方口气，以探虚实的人。

谁都明白，受伤的疮疤不能揭，因为越揭越容易发炎，甚至会使伤口扩大。触人痛处，犹如揭人疮疤，其结果犯了人与人相处的大忌，得罪了别人，自己也捞不到什么好处。

站在对方立场说话,他才容易听你的话

很多人往往习惯将自己的想法或意见强加给别人,总觉得它们才是解决问题的最好方式。虽然出发点都是好的,是为了帮助别人解决某些问题,但是却始终没有站在对方的立场上想过——这样是否适合?

当我们和别人商谈事情时,我们不应该先自我确定标准和结论,应该先站在对方的立场上仔细想想,询问对方对这件事情的看法和他认为应该如何解决这个问题,而不是直接讲一番大道理来逼迫对方接受自己的观点,这样反而更容易让对方听你的话。

很多时候,站在对方的立场上考虑问题,你会发现,你跟他有了共同语言,他的所思所想、所喜所恶,都变得可以理解甚至显得可爱。在各种交往中,你都可以从容应对,要么伸出理解的援手,要么防范对方的恶招。许多人

不懂得如何站在对方立场上思考和说话,这是导致很多事情做不成功的一大原因。

你若能站在他人的立场上说话,能给他人一种为他着想的感觉,这种技巧常常使你的话具有极强的说服力。要做到这一点,"知己知彼"十分重要,唯先知彼,而后方能从对方立场上考虑问题。成功的人际交往语言,有赖于发现对方的真实需要,并且在实现自我目标的同时给对方指出一条可行的路。

某精密机械工厂生产某种新产品,将其部分部件委托另外一家小型工厂制造。当该小型工厂将零件的半成品呈送总厂时,不料全不符合该厂要求。由于新产品上市迫在眉睫,总厂产品负责人让小厂尽快重新制造,但小厂负责人认为他是完全按总厂的规格制造的,不想再重新制造,双方僵持了许久。这时总厂厂长在问明原委后,便对小厂负责人说:"我想这件事完全是由于公司方面设计不周所致,而且还令你吃了亏,实在抱歉。今天幸好有你们帮忙,才让我们发现了产品的缺点。只是事到如今,产品总是要上市的,你们不妨将它制造得更完美一点,这样对你我双方都是有好处的。"那位小厂负责人听完,欣然应允。

也许你会质疑:"站在对方的立场上说来容易,实际要做的时候也那么容易吗?"没错,站在对方立场上说话确实不容易,但却不是不可能。许多口才不错的人都能做到这一点。因为若不如此做,谈话成功的希望就可能是很小的。真正会说话的人,善于从他人的角度来设想,并且乐此不疲。然而,他们也并非一开始就能做得很好,而是从一次次的说服过程中吸收经验、汲取教训,不断培养这种习惯,最后才达到这种境界。因此,只要你愿意,这并不是件太难的事。

一个人的痛苦之一就是没人理解,如果我们能站在他人的立场上说话,那对于他人来说是一种莫大的幸福。

PART 04
以心攻心，斗智斗勇

要赢，先在勇气上压倒对方

曾有这样一幅画面：一株纤弱的小树苗从巨石的缝隙中蜿蜒地爬出来，倔强地寻求一缕阳光。小树苗那股子精神真的很震撼人心。其实，真的勇气不是压倒一切，而是不被一切压倒。

面对强大的敌人，面对重重阻挠和困难，退缩就意味着死亡，只有奋勇向前才能打破层层壁垒赢得最后的胜利。如果因为对手强大或者困难难以克服就气馁丧气，退缩求饶，没有勇气面对，那么小树苗将永

远被埋在阴暗的石头缝里，见不到阳光，更看不到风雨之后的彩虹，最后慢慢地腐烂变质。

  俄国著名作家屠格涅夫就曾经亲眼见过一只母麻雀为了保护自己的孩子战胜了一只凶狠的猎狗。饥饿的猎狗似乎嗅到了美味的食物，疯狂地朝两只麻雀跑过来，欲要将之一口吞下。母麻雀用翅膀护住小麻雀，挖挲起羽毛疯狂地扑腾，并拱起自己的背提起十二分精神跟恶狗对峙，一会儿尖叫，一会儿扑腾翅膀，一会儿凝神不动……每当猎狗扑上去的时候，母麻雀就突然变换姿态和声音，突然给猎狗一个惊吓。久而久之，猎狗终于疲劳和迷惑了，呆呆地望着到嘴边的肉却不敢咽下，只能悄悄地走开。就这样，在本不可能生还的情况下老麻雀却凭借着自己的勇敢无畏战胜了比自己强大十几倍的猎狗保护了自己的孩子，最终化险为夷。

  试想，在这场惊心动魄的战斗中，如果麻雀有一丁点退缩的心理，有一丁点松懈，就有可能葬送自己和孩子的生命。不可思议的奇迹的发生，就在于深深的母爱，母爱让老麻雀爆发出了惊人的潜力和勇气，爆发出了一种压倒一切，令对方害怕的霸气和不要命的傻气，震住了对方，赢得了胜利。

  危急关头，"狭路相逢勇者胜"，"明知不敌对手也要毅然亮剑"，这里没有退路，只有突破，才能站得住脚，谋得一席发展之地，所以，越是困难，越是强敌，我们越要勇于迎接挑战，在战斗中让自己更强大，在与狼搏斗中让自己的"爪牙"更锋利。

  我们一定要有那种压倒一切对手的决心和信心，要有战胜一切困难去夺取最后胜利的勇气和霸气。当"狼群"在我们身边时，我们绝不能退缩，退缩将意味着死亡，意味着永远也难以站起来，难以见到胜利的阳光。我们也要把困难估计得更多一些，把挑战估计得更严峻一些，把对手估计得更强大一些，把自己的准备做得更充分一些。然后丢下包袱、轻装前进。

绵里藏针，柔中带刚

  先说软的，可以在强敌面前取得进一步论辩的机会；再说硬的，就可以显示一些威胁的力量。软的为绵，硬的为针，是为绵里藏针。

"绵里藏针法"的运用常常跟喂小孩子吃苦药的道理一样，要用糖衣包着药片，或者就着糖水送服，招数因人而异，窍门却一通百通。

有一次，一个美国记者同周恩来总理谈话时，看到桌上有一支美国派克钢笔，就带着几分讥讽的口气问："请问总理阁下，你们堂堂中国人，为何还用我们美国的钢笔呢？"听出了他的言外之意，周总理庄重而又风趣地答道："提起这支钢笔，话就长了，这是一位朝鲜朋友的抗美战利品，作为礼物赠送给我的。朋友说，留下做个纪念吧。我觉得有意义，就收下了贵国这支钢笔。"那个记者听后，露出一脸窘相，怔得半天也没有说出话来。

绵里藏针，话里藏话，总体上有两个基本功：

一是能够听出对方的弦外之音、恶毒之意，否则便会成为笑柄，白白赔了笑脸；

二是要委婉含蓄地表达自己，话要说得很艺术，让听话之人心领神会，明白你话中的锋芒所在。

瞄准对方关键点，以一点击溃其全部

商场上劲敌如林，很多时候我们很难与之正面交锋。因为，有时候你越是跟强敌较劲，越能激发对方的凶猛攻势，最终，只能让自己丧失主动权，陷入无休止的被动，变得连喘气的机会都没有。那么，应该如何对付强敌？"打持久战"是耗不起的，"打游击战"又没有那么多的"根据地"，所以，只能做"狙击战"。瞄准对方关键点，一击即中，彻底粉碎敌方的"大本营"。

《三十六计》中说："不敌其力，而消其势，兑下乾上之象。"也就是说，要避其锋芒，攻其弱点，消除敌方生存之根本，那么对方自然不攻而破。也就是"釜底抽薪"之意，是现代经商赚钱中不可不知的一计。

20世纪90年代中期，戴尔发现，许多竞争厂商有一半以上的利润来自服务器。更严重的是，虽然他们的服务器是很好的产品，却为了补贴业务上其他比较不赚钱的地方而必须抬高定价。事实上,由于他们服务器的定价高得超乎常理,所以等于是把额外的成本转嫁给最好的顾客,从而暴露了自己的致命伤。1996年9月,戴尔公司以非常具有竞争力的价格,推出一系列服务器,整个市场为之震惊。这项野心勃勃的行动,重新建立了其在服务器市场的地位,而戴尔公司现在已是全美第二大服务器供应商,占有20%的市场。

戴尔公司凭借掏空竞争者的利润来源,削弱了他们在笔记本电脑、台式电脑等市场上以价格和戴尔公司对抗的能力。

因特网也是另一个让戴尔公司和竞争者大玩柔道的绝佳方式。对戴尔公司来说,网络是直接模式的最终延伸。但对许多采取间接模式的对手而言,进入网络市场是个两败俱伤的主张。对他们来说,直接交易终将导致通路上的冲突。他们的营运模式是以传统的产销者、代理商和经销商为基础,而不是与顾客直接发生交易关系。一旦原本采取间接模式的制造商开始与使用者直接对话时,便会和本来是为自己销售产品的经销商产生竞争。这让戴尔公司很快就获

得更多的青睐。假想一下，如果顾客想直接向制造商购买，还有什么方法比向直接销售的公司购买更好呢？

戴尔之所以能在市场上谋得"一方水土"，能在竞争中崭露触角，靠的就是"釜底抽薪"，直接攻击对手的"供给线"——"利润"，商家的利润要害如同蛇的七寸，掐断利润，也就相当于断了对方的"粮草"。所谓"兵马不动，粮草先行"，割断敌方的粮草，必然使之惊慌失措，敌人不攻自破。

当然要想釜底抽薪，首先要"知己知彼"，充分了解其他对手的特点、优势，博取众家之长，弥补自己的缺点，推陈出新，以自己所具有的生产能力、生产工艺、生产技能、生产出市场上独一无二的适用产品。这样才能广销各地，受到消费者的欢迎。

商场上不存在永远的强势和永远的弱势，弱势如果想跟强势争夺市场底盘，就不能正面硬碰，这样只会导致"大鱼吃小鱼，小鱼吃虾米"的结果，弱势要善于做一个狙击手，不断培养自己的敏锐触觉和目光，暗中瞄准劲敌的关键点，才能将之一击即中。弱势还要不断提高自己在博取众家之长的基础上，不断创新，顺从消费者的需要生产，在千变万化的市场竞争中，使自己的产品保持销售旺势，永远立于不败之地。

PART 05
以心赢心，以力借力

"寄生"于人，成长加速

提起"寄生者"，很多人会感觉很不舒服，因为它让我们联想到许多糟糕的东西，如寄生在我们身体之中、吸食我们的养分并使我们生病的那些小生物，就像蛔虫、钩虫之类。

"寄生者"意味着"不劳而获"和"损人利己"，我们也常常称那些不肯付出努力而混吃混喝的人叫作"寄生虫"。

但是，也许你不知道在自然界中，借助外在力量获取利益的例子比比皆是。鲨鱼的身边总是游弋着几条灵巧的小鱼，它们靠拣拾鲨鱼猎食的残余为生；海鸥喜欢尾随军舰，因为后者的排水可以使海里的小生物浮上水面，成为它们的食物；在丛林中，很多藤萝植物是靠依附在参天大树上得以享受阳光的。

在这个"巨兽"横行的时代，做一个"寄生者"是很不错的选择，毕竟大树底下好乘凉。想要做事，先要立身；想要做大事，先要立稳身。有了"大树"作为依傍，不仅根基稳固，办起事来别人也会"不看僧面看佛面"了。

清朝康熙帝最宠爱大臣明珠。明珠幼年在宫中当过侍卫，与康熙的关系比较亲近。正是由于这层关系，明珠仕途一帆风顺，鼎盛时期官至兵部尚书。

吴三桂自请"撤藩"，朝中大臣多有慰留之意，而明珠附和康熙的意见,主张下旨"撤藩",看看吴三桂敢不敢反。从此以后,康熙更是对明珠恩宠有加。

明珠得势以后,与其最亲密的走狗余国柱开始大肆卖官,中饱私囊。凡是各省的总督、巡抚、布政使、按察使等重要位置一有空缺,他们便向有意者大肆索贿,直到满足他们的欲望为止。日子久了,明珠的财富也就堆积如山了。

而且,明珠还进一步控制那些检察官员,以钳制百官。他将所有新上任的检察官员找来,令他们定下密约,答应所有向皇帝上报的奏章,事先一定拿来给自己过目。

这样,明珠不仅得宠于皇上,控制百官,还控制着整个检察机构,国家机构对他已没有任何的约束力,一时权倾朝野。

宠臣太过,必然会危害朝廷。大智如康熙者,不曾明眼辨奸,实为憾事。

等到明珠最终被人告发,康熙也仅仅是免了他的大学士之职,即便如此,康熙也很不忍心。过了不久,康熙又把他召来身边,充任"内大臣"!

明珠若不是有康熙这棵大树为他挡住烈日、挡住狂风、挡住暴雨,他早已是满朝文武的众矢之的,早已身首异处了。

虽然明珠这种尽全力来讨好皇帝主子以欺上瞒下、为非作歹的行为很卑鄙、无耻,不值得宣扬,但是在人生中,如果自己一时势单力薄、孤掌难鸣,

不妨找棵大树来依靠。如此，不仅能遮风挡雨，他人也会因"大树"而力图取悦于你，可免许多求人之苦，其好处自不待言。

现在，你不妨去寻找一棵生命中的"大树"，做一个暂时的"寄生者"，才能从借力中受益。

积极主动地"攀龙附凤"，让贵人扶你平步青云

常言道："七分努力，三分机运。"很多时候，机运对我们成功来说太重要了，它可以缩短你的奋斗时间，让你事半功倍。相信，你一定想知道这些机运来自何方？其实，想得到这些机运，就需要我们积极主动地攀附身边的贵人——那些能够提携、帮助我们的人。

这其中的道理应该很容易理解。每个人的身上，都有着走向成功的条件，而如何使这些条件发挥出来，却由你身边无数的贵人所控制。你接受了贵人的帮助，就好比一粒种子投入一块适合自己生长的土壤，充分得到土壤的滋养。从这个意义上讲，你的命运操纵在贵人的手中。

这些贵人，由于与众不同，一般都有着很强的个性，特别是一些地位比你低的贵人，他们不会轻易屈尊人下，因此，要想得到贵人的帮助，你必须放下身份和面子，用真情感动贵人。

戴维·史华兹年轻的时候和一个朋友合伙，用7500美元开办了一家小小的服装公司。史华兹将全部精力都投入到了这家服装公司，在他的出色经营下，公司发展得很快，生意相当不错。

但不久，史华兹发现了问题。他认为，公司老是做与别人一样的衣服是没有出路的，必须要有一个优秀的设计师，能设计出别人没有的新产品，才能在服装业中出人头地。然而，这样的设计师到哪儿去找呢？

一天，他外出办事，发现一位少妇身上的蓝色时装十分新颖别致。经历了一些周折，史华兹了解到这套衣服是她丈夫杜敏夫设计的。于是，他有了聘

请杜敏夫当自己公司设计师的念头。

然而,当史华兹登门拜访时,杜敏夫却闭门不见,令史华兹十分难堪。但他知道,一般有才华的人难免会有些傲气,只有用诚心才能去感化他。所以他并不气馁,接二连三地走访杜敏夫的家,三番五次地要求见面。他这种求贤若渴的态度,终于使杜敏夫为之动容,接受了史华兹的聘请。

杜敏夫果然身手不凡,他向史华兹建议采用当时最新的衣料——人造丝来制作服装,并且设计出了好几种颇受欢迎的款式。

史华兹是第一个采用人造丝来做衣料的人。由于造价低,而且抢先别人一步,尽占风光,公司的业务蒸蒸日上,在不到10年的时间里,就成为服装行业的"大哥大"。

杜敏夫就是史华兹的贵人,如果没有他的帮忙,史华兹公司的发展就要大打折扣。但是,在他们的合作中起决定作用的是史华兹的真诚和耐心。他面对拒绝毫不气馁,敢于放下面子,以堂堂老板的身份三番五次地请求接见,这样才得以获得贵人的帮助取得事业的成功。

为了引起贵人对你的兴趣,你还要花费心思去了解贵人的喜好、发掘他们关心的事物。学会主动攀龙附凤就要主动寻找与"龙"和"凤"相关的事物,并以此为突破口,拉近与贵人的距离,从而达到为自己办事的目的。

得人心者得天下:以宽容仁德大展宏图

中国一直流传着"水能载舟,亦能覆舟"的古训。它告诉我们,如果你想成为舟,就要有能力得到诸多的水来载你,而且也要有能力让这些水永远地载着你远航,而不是某一时就将你彻底倾覆。

生活中,有很多事仅靠我们自己的力量是无法完成的,必须密切联系人民大众,充分发挥他们的力量,让他们成为我们步入成功之旅的依靠,这样才能蒸蒸日上。

那么，如何赢得众人心，收获众人力量这笔无形的财富？便成了诸多向往成功的人士的寻觅对象。

俗话说："人非草木，孰能无情。"那么，我们就可以通过对身边的众人投入诚挚的感情，用宽容仁德赢取大家的支持，以大展宏图。

某公司，有一位部门经理，在一次去外地出差时，手提包被盗。包里面除了常用的钱物外，还有公司的公章。

事后，这位部门经理又内疚又担心，但还是要硬着头皮去见总经理。到了总经理面前，他心虚地讲完了所发生的事情后，头都不敢抬地等着挨骂。可出乎意料的是，总经理不但没有骂他，反而笑着说：

"我再送你一只手袋好吗？你前段时间的工作一直非常出色，公司早就想对你有所表示，但一直没有机会，现在机会终于来了。"

一头雾水的他不知如何是好，但内心却充满了感激。

后来，他非常努力地工作，兢兢业业，为公司赚了不少利润。同时，也有不少其他公司看重了他，有非常优厚的待遇来聘请他，可是他始终不为之所动。

不难看出，正是那位没有暴跳如雷的总经理，用宽容的态度赢得了这位部门经理的感激，使之决心为公司鞠躬尽瘁，任凭其他公司有多么优厚的待遇都不为之所动。

这就是宽容的伟大力量。它既是人与人之间必不可少的润滑剂，更是对他人的一种尊重、一种接受、一种爱心。当我们遇到身边的人做错了什么，一味地指责、批评，甚至谩骂，真的就会起到多大作用吗？莫不如放下愤怒，学会宽容，给身边的人一个反思和感恩的机会，这样，能让彼此的感情更加牢固。

我们不得不承认，一个想成就大事业的人，如果鼠目寸光，小肚鸡肠，不能容人，那是很难办成大事的。就拿赫赫有名的曹操来说，特别注意总是力图树立诚信宽厚的形象，尤其在他开创事业的初期，以赢得普天之下众人的同情、理解和赞许，从而来不断壮大自己的势力。在那个君择臣、臣亦择君的年代，他的做法取得了良好的效果，更为他打天下奠定了坚实的基础。

所以，一个人要想成功，就一定要学会宽容别人，充分利用众人的强大力量，得到众人的理解和支持，才能兼济天下。

PART 06
以退为进，韬光养晦

闭上生气的嘴，张开争气的眼

俗话说："不蒸（争）馒头争口气。"人们在这句话的鼓舞下，为了自己的尊严与面子，不惜牺牲自己所拥有的：有人为了别人的无心之言而怒火中烧，非要与之争出个长短不可；有人为了显示自己的强悍，非要与情敌拼个你死我活；还有人为了让人看得起，非要挑战不可能之事……

如此看来，所谓的"争气"不过是生气而已，与其原本的意思存在着一定的偏差，并非所有的"气"都值得生：哪些气应该生，哪些气应该咽下去，除了要仔细衡量外，还需考虑现实的情况。如果为了面子问题生气而丢掉此后的前程，自然是得不偿失的。适当的时候，放下自傲的心理，让自己弯曲一下，也不失为一种巧妙的战略。

南北朝时东魏的高洋就是一个懂得适时弯曲的人。高洋在尚未称帝时，东魏政权掌握在其兄长高澄的手里。高洋的妻子十分美艳，高澄很嫉妒，而且心里很是不平。高洋为了不被高澄猜忌，装出一副朴诚木讷的样子，还时常拖着鼻涕傻笑。高澄因此将他视为痴物，从此不再猜忌他。

高澄时常调戏高洋的妻子，高洋也假装不知。后来高澄被手下刺杀，高洋为丞相，都督中外诸军。朝中大臣素来轻视高洋，而这时高洋大会文武，谈笑风生，与昔日判若两人，顿时令四座皆惊，从此再不敢藐视。高洋篡位后，初政清明，简静宽和，任人以才，驭下以法，内外肃然。

当时西魏大丞相宇文泰听到高洋篡位，借兴义师的名义，进攻北齐。高洋亲自督兵出战，宇文泰见北齐军容严盛，不禁叹息道："高欢有这样的儿子，虽死无憾了！"于是引军西还。

在今天的现实生活中，已不存在这种不忍让就会动辄丢性命的屈伸之道了，但适时弯曲是必需之策。弯曲时更容易看清彼此更多的东西，更有利于沟通和进步。

就像西方著名政治思想家卡托所言："动怒的人张开他的嘴，却闭上眼睛。"人生在世，受气是难免的，生活中，如果有人"动了你的奶酪"，就不假思索地火冒三丈，是愚蠢之举。而真正的聪明者，则会在别人闭上眼睛的时候，看清自己的道路。

忍对方一时之气，为自己换来有利局势

忍让是一种眼光和度量，能克己忍让的人，是深刻而有力量的，是雄才大略的表现。现实的交际世界中，很多时候，忍对方一时之气，常常能为自己换来有利的局势。

楚汉相争中，刘邦由于势力较弱，经常吃败仗。汉四年，刘邦兵败，被项羽围困在荥阳。

刘邦的大将韩信亲自率领一队军马北上作战，捷报频传，接着攻下魏、代、赵、燕各王国，最后又占领了齐国全境。

韩信派使者来见刘邦说："齐人狡诈反复，齐国又与强大的楚国为邻，如果不设王进行威慑，不足以镇压安抚齐地百姓，请大王允许我暂时代任齐王。"

刘邦一听，勃然大怒，破口大骂："我现在被围困在荥阳，日夜盼望你韩信带兵来增援，你不但不来，反要自立为王！我……"此时的刘邦只看到了

自己所处的危险境况，全然没有了王者该有的风度，把自己的本性暴露无遗。

正说着，刘邦感到自己的脚被人狠狠踩了一下。他发现坐在他身旁的张良向他示意了一下，便止住了下面的一连串骂人的话语。

张良清楚地知道韩信是当世首屈一指的将才，眼下又拥有强大的兵力，处在举足轻重的地位上。刘邦如果现在与韩信翻脸，会对他大大不利；反过来，如果能调动韩信的兵马，就能给楚军以沉重打击，使楚汉对峙的局面向着有利于自己的方向转变。

因此，张良靠近刘邦，悄声说：“大王，韩信手握重兵，投靠大王则大王胜，投靠项羽则项羽胜。我们对他的要求要慎重考虑。”

刘邦气还没消，不高兴地冲着张良说：“那你说怎么办？难道就被这小儿挟持不成？”

张良说：“现在我们正当危急时刻，弄翻了关系，他自立为王，我们也毫无办法。逼急了他，他一旦与项羽联手，大王的大事就麻烦了！不如趁势正式立他为王，调动他的军队攻击楚军。请迅速决断，迟则生变！”

刘邦毕竟是非常聪明的人，听了张良的话，马上恢复了理智，但他故意接着刚才气汹汹的口气骂道：“男子汉大丈夫，要做齐王就做真齐王，做什么代齐王！”

刘邦当即下令派张良为使节，带着印绶到齐地去，立韩信为齐王，并征调韩信的军队攻打楚军。局势很快发生了重大转折：汉军由劣势向优势转变，逐渐对楚形成了包围之势。

后来，刘邦终于在垓下全歼楚军，赢得了楚汉战争的最后胜利。应该说，刘邦在隐忍方面做得非常好。

反之，韩信要官做，急于成王的行为则背离了隐忍的大道，他最终被杀，在很大程度上跟他自己锋芒太露有关。

俗话说："小不忍则乱大谋。"在人生的紧要关头，忍一时之气是为了换来有利局势。如果在危急时刻贸然做出举动，会激起反抗力量的攻击，让全盘计划最终落空。胸怀韬略者明白"韬晦"潜规则，以一时的忍耐实现自己的理想和宏伟目标。在这方面，古人的智慧会带给我们极大的启悟。

欲进两步，先退一步

《孙子兵法》中讲"以近代远，以逸待劳，以饱待饥，此治力者也"，也就是说，双方交战时，不一定要用进攻的方法才能将对方置于困难的局面，只要做好充分的准备工作，养精蓄锐，等疲劳的敌人来犯时，给予敌人迎头痛击，一样能达到制胜的目的。待机而动，以不变应万变，以静制动往往能在竞争中占据优势。

"以逸待劳"是现代商场上经常遇到的一计，你不需要直接采取进攻的行动，只要积极防御，以盈养亏，以亏促盈；待竞争对手出现漏洞时，再攻其不备，出其不意，就很容易在竞争中取胜。

市场变幻莫测，行业间摩擦此起彼伏，机会稍纵即逝。在这个每时每刻充满着竞争、风险的环境中，任何一个公司哪怕是稳坐"庄家"的"老大哥"都不可能一直独占鳌头。可能今天你还是一支"绩优股"，明天或许将会变成一支不折不扣的"垃圾股"。

既然我们不可能在竞争中永葆胜利，就要学会攻守兼备，适时转移或者退步，当时不利己时，退回来休养生息，不和对手硬碰硬，等待时机，瞅准机会反过来推翻对手。在和对手进行斗智斗勇的过程中，要耐得住时间，耐

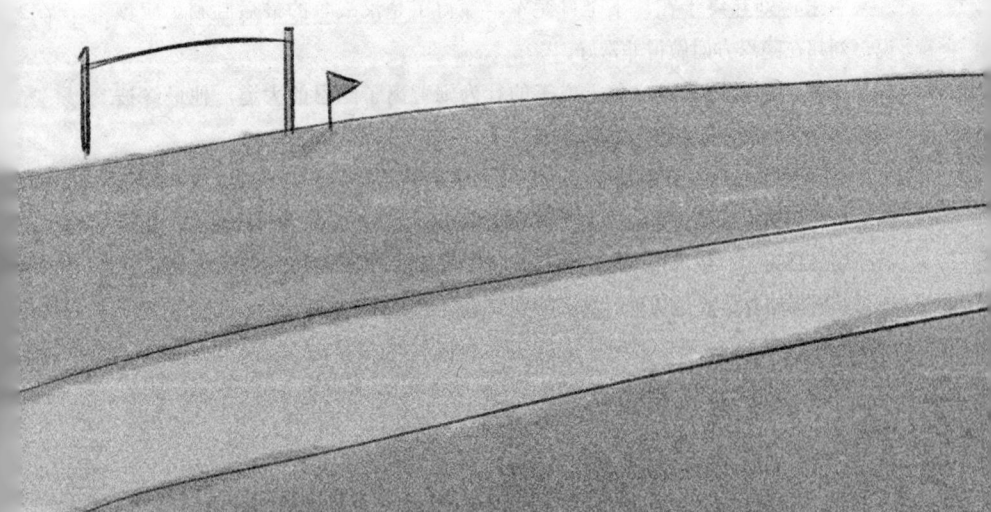

得住各种各样的诱惑和小恩小惠,保持良好的自我状态,才能取得自己真正的需求。

英国友尼利福公司的经营之道就是"以退为进"、"以静制动",他们有一个基本的信条,即"不拘束于体面,而以相互利益为前提"。只要最终能赢得利益,即使暂时要妥协、退让或者不够体面也没有关系。因为,在一些特殊情况下,只有甘愿妥协退步,才能赢得时机发展自己。退一步,有可能会获得进两步的空间和机会,结果还是自身获益。所以,在这一信条的引领下,英国友尼利福公司在企业经营和生意谈判中常常采用退让策略。

非洲东海岸是一块非常适合栽培食用油原料落花生的地方,那里不仅土壤肥沃,温度和气候也恰到好处,落花生每年的产量都很高。友尼利福公司就是看好这一点,所以在那里设有大规模的友那蒂特非洲子公司。这里是友尼利福公司的一块宝地,也是其主要财源之一。然而,第二次世界大战结束后,随着非洲民族独立运动的兴起和发展。友尼利福这些肥沃的落花生栽培地一块块地被非洲国家没收,这使该公司面临极大的危机。

怎么办呢?跟非洲政府和人民抗争到底,还是妥协退让?面对这种形势,公司内部经过长时间地激烈讨论之后,经理柯尔对非洲子公司发出了六条指令:

第一，非洲各地所有公司系统的首席经理人员，迅速启用非洲人；

第二，取消黑人与白人的工资差异，实行同工同酬；

第三，在尼日利亚设立经营干部培训基地，培养非洲人干部；

第四，采取互相受益的政策；

第五，以逐步寻求生存之道；

第六，不可拘束体面问题，应以创造最大利益为要务。

不仅如此，柯尔在与加纳政府的交涉中，为了进一步获得对方的信任，还主动把自己的栽培地提供给加纳政府，从而获得加纳政府的好感。果然，没多久，加纳政府为了报答他，指定友尼利福公司为加纳政府食用油原料买卖的代理人，这就使柯尔在加纳独占专利权。同样，在同几内亚政府的交涉中，柯尔使用了同样的"伎俩"，表示愿意自行撤走公司，他的这种坦诚的态度又赢得了几内亚政府的信任，因而允许柯尔的公司留在几内亚。于是，柯尔在同其他几个国家的交涉中，也都坚持采用退让政策，结果，在"迂回战术"的连连使用下，柯尔的公司不仅没有真的退下来，反而光明正大地站稳了脚跟，公司就这样平安地渡过了难关。

做生意要像做人这样有进有退，有所为有所不为，必要的退让可以换来更大的利益，一味地咄咄逼人则有可能使你陷入死胡同。学会"以逸待劳"、"以静制动"，才能更好地后发制人，克敌制胜。但是，退让策略的运用，既要适时，又要得体，一定要充分掌握对方的心理活动，再"对症下药"地安排策略，这样才能万无一失地取得成功。

PART 07
嘴上巧用劲，脚下便有路

矛盾时给对方台阶，也是给自己台阶

在与人发生矛盾时不说绝话，能体现一个人宽容大度的高尚品格。在正常情况下，人们的度量大小是很难表现出来的。而当与别人发生了矛盾，使你难以容忍的时候，能否容人，就能表现得一清二楚了。这时只有那些思想品格高尚的人，才会保持头脑清醒，做出宽容的姿态，不把话说绝，避免两颗本已受伤的心再受到进一步的伤害。

事实上，发生矛盾后，双方肯定谁心里都不痛快，很容易失态，口出恶言，把话说绝了。这样的痛快只能是一时的，受伤害的是双方长远的关系和自己的声誉。所以，即使有了再大的矛盾，我们也应该把握住一点，就是不把话说绝，给对方，也给自己一个台阶下。

一位顾客在商场里买了一件外衣之后，要求退货。衣服她已经穿过一次并且洗过，可她坚持说"绝对没穿过"，要求退货。

售货员检查了外衣，发现有明显的干洗过的痕迹。但是，直截了当地向顾客说明这一点，顾客是绝不会轻易承认的，因为她已经说过"绝对没穿过"，而且精心地伪装过。于是，售货员说："我很想知道是否你们家的某个人把这件衣服错送到干洗店去过,我记得不久前在我身上也发生过同样的事情。我把一件刚买的衣服和其他衣服堆在一块,结果我丈夫没注意,把这件新衣服和一堆脏衣服一股脑地塞进了洗衣机。我觉得可能你也会遇到这种事情,因为这件衣服的确看得出洗过的痕迹。您不信的话,咱们可以跟其他衣服比一比。"

顾客心虚,知道无可辩驳,而售货员又为她的错误准备了借口,给了她一个台阶下。于是,她顺水推舟,乖乖地收起衣服走了。

有的人会说:"发生矛盾,我就打算和他绝交了,把话说绝了又怎么样?"真是这样吗?要知道,暂时分手并不等于绝交。

友好分手还会为日后可能出现的和好埋下伏笔。有时朋友间分手绝交并非是彼此感情的彻底决裂,而是因一时误会造成的。如果大家采取友好分手的方式,不把话说绝,那么,有朝一日误会解除了,很可能重归于好,使友谊的种子重新绽放出绚丽的花朵。在这方面不乏其例。

17世纪初,丹麦天文学家弟谷·布拉赫和德国的天文学家开普勒共同研究天文学,两个人建立了亲密的友谊。后来,由于开普勒受妻子的教唆,丢下研究课题,离开了弟谷。然而弟谷并没有因此而指责开普勒,还宽大为怀,写信做解释。不久,开普勒终于明白自己误听了谗言,十分惭愧,写信向弟谷道歉,并回到已病重的弟谷身边。两个人言归于好,再度合作,终于出版了《鲁道夫星表》,使他们的名字得以载入科学史册。

从这个事例可以看出,他们之所以能恢复友谊并共同做出成就,是与当时采取友好分手方式有直接关系的。所以说,不把话说绝实在是一

种交际美德,值得提倡。

有的人不明白这个道理,他们一和别人发生矛盾就取下策而用之,谩骂指责,与人反目为仇,把话说得很绝,以解心头之恨。这样做痛快倒是痛快,但他们没有想到,在把别人骂得狗血喷头的同时,也就暴露了自己人格上的缺陷。人们会从这样的情景中看到,他对别人居然如此刻薄,如此不留情面,翻脸不认人,从而会离他远远的,以免惹"祸"上身。

调节冲突,抬高一方让其主动退出

在现实生活中,难免会遇见亲朋好友或者别的人为了某些事而发生冲突与纠纷,需要你出面做和事佬的情况。但是,和事佬并不好做,这是个两边不讨好的差事,如果没有比较高超的语言技巧,往往会把自己陷进去,成为一方甚至双方攻击的对象。但是冲突总得有人调解,或许这个人就是自己,那该怎么办呢?

俗话说:"一个巴掌拍不响。"在双方接受自己来进行调解之后,可以考虑主攻一方,让其主动退出争执,另一方没了冲突对象,纠纷自然化解了。

让当事人为了顾全面子而退出争执。对一方当事人进行夸奖,讲述他曾经有过的可引以为自豪的事情,唤起他的荣誉感,使之为了保全荣誉感和面子,主动退出争执。这种方式对于绝大多数受过良好教育的人都非常有效,因为荣誉和颜面往往是他们很看重的,是他们约束自己的动力。

小王与小刘是学校新来的两位年轻教师。小王心细,考虑事情周到;小刘性情鲁莽,但业务能力强。两人因一件小事发生争执,小王说不过小刘,并且被小刘训了一顿,觉得非常委屈,就去向校长诉苦。校长说:"小王啊,你脾气好,办事周到,大家都很欣赏。你是个细致的人,小刘是个急性子,脾气上来了连自己说了什么都不知道。你怎么能和他计较呢?你一向都非常注意团结同事、不感情用事的,怎么能为了这么点事情就觉得委屈呢?"一番话说得小王心里又甜又酸,从此再不与同事争执了。

事例中校长就是巧妙地运用了这一方法。他先夸奖小王,然后强调两人之间的差距,让听话者的一方受到赞扬,从而轻易化解了两人之间的冲突。

不过这个调解办法在使用时必须注意不可伤害到另一方的自尊,你对一方的"抬高"最好不要当着另一方的面说,否则会事倍功半,收效不佳。

此外,跟当事人说一件很重要的事让他感觉到自己的地位及价值的存在,从而让他退出争执,也是一种不错的方法技巧。冲突之所以持续,往往是一种非理性情绪支配的结果。所以,如果在调解冲突时,提出一件足以唤起一方理性思考的事情,转移其注意力,往往也能达到让一方退出争执、化解冲突的目的。

论辩中巧设圈套,让对方主动入瓮

成语"请君入瓮"比喻用其人治人之道,还治其人之身。在论辩中,"请君入瓮"是指言在此而意在彼,先提出一个或几个问题,诱使对方说出或同意与你尚未说出的、准备坚持的观点、相类似的观点,然后伺机运用类比、两难推理等方法,指出对方行为与观点、前言与后语相悖谬之处,使对方陷入圈套之中而无法争辩的雄辩方法。使其无言以对,俯首认输。

作为一种论辩技巧,"请君入瓮"的关键就在于巧设圈套和伺机点破,使对方"哑巴吃黄连——有苦说不出",无言以对,俯首以输。

英国文学家萧伯纳在一个晚会上,独自坐在一旁想心事。一位美国富翁非常好奇,便走过来说:"萧伯纳先生,我想出一块钱来打听你在想什么?"

显然,这位富翁不但干扰了萧伯纳先生的思绪,而且还浑身散发着一股铜臭味。他的话不仅俗不可耐,而且完全是对萧伯纳人格的侮辱。

对富翁庸俗的做派,萧伯纳决定给予反击。他抬头看了一眼富翁,说:"我想的东西不值一块钱。"

这下更引起了富翁的好奇,他急不可待地问道:"那么你究竟在想什么东西呢?"

萧伯纳笑了笑,叹了口气说:"我想的就是你呀!"

萧伯纳的回答可谓典型的"请君入瓮"。富翁问他在想什么,如果他直接回答的话，必然兴味索然，达不到反击的目的。而他所说的"我想的东西不值一块钱"，自然就勾起了富翁的好奇心，使他不知不觉地上钩，非要对"不值一块钱"的"东西"问个水落石出不可。萧伯纳见"蛇"已"出洞"，便抓住玄机揭"谜底"。于是道出了"我想的东西就是你"。语言虽然简短，但却巧妙地给了富翁当头一棒。

使用请君入瓮这一论辩技巧，必须注意以下三个问题：

第一，圈套要设好。

在揣摩对手心理状态的基础上，主动以进攻者的姿态发问，或假设其事，或虚言夸张，或巧布疑阵，设好"口袋"，诱使对方上钩，为后面做好准备。

第二，反击要有力。

一旦论敌已经进入"口袋"，就应不失时机地扎紧袋口，迅速出击，瓮中捉鳖，不给对方以回旋的余地。

反击时要配以类比、归谬、两难推理等方法，与前面设下的圈套遥相呼应，由此及彼，抓住要害，给予有力的反击。

第三，引诱要巧妙。

可以采用障眼法，巧布疑阵，不露痕迹，以免被对方识破而功亏一篑。当对方不轻易上钩时，便辅之以激将等法，来尽快诱使对方进入你预先设好的圈套。这是诱敌入瓮的关键所在。

PART 08
知晓方圆，精明生存

会绕圈子才能左右逢源

我国传统文化，是很讲究绕圈子的。尤其是在旧中国的官场"伴君如伴虎"，不会"绕圈子"，就是很容易去吃亏的角色，深谙此道的人才可能左右逢源。

汉元帝上台后，将著名的学者贡禹请到朝廷，征求他对国家大事的意见。这时朝廷最大的问题是外戚与宦官专权，正直的大臣难以在朝廷立足，对此，贡禹不置一词，他可不愿得罪那些权势人物。贡禹只给皇帝提了一条，即请皇帝注意节俭，将官中众多宫女放掉一批，再少养一点马。其实，汉元帝这个人本来就很节俭，早在贡禹提意见之前已经将许多节俭的措施付诸实施了，其中就包括裁减宫中多余人员及减少御马，贡禹只不过将皇帝已经做过的事情再重复一遍，汉元帝自然乐于接受。于是，汉元帝便博得了纳谏的美名，而贡禹也达到了迎合皇帝的目的。

《资治通鉴》的作者司马光对贡禹的这种做法很不以为然，他批评说："忠臣服侍君主，应该要求他去解决国家所面临的最困难的问题，其他较容易的问题也就迎刃而解了；应该补救他的缺点，他的优点不用说也会得到发挥。当汉元帝即位之初，向贡禹征求意见时，他应当先国家之所急，其他问题可以先放一放。就当时的形势而言，皇帝优柔寡断，佞佞之徒专权，是国家亟待解决的大问题,对此贡禹一字不提。恭谨节俭,是汉元帝的一贯心愿,贡禹却说个没完没了,这算什么?如果贡禹不了解国家的问题,他算不上什么贤者,如果知而不言,罪过就更大了。"

司马光可能忽视了,古代的帝王在即位之初或某些较为严重的政治关头,时常会下诏求谏,让臣下对朝政或他本人提意见,表现出一副弃旧图新、虚心纳谏的样子,其实这大多是一些故作姿态的表面文章。有一些实心眼的大臣十分认真,不知轻重地提一大堆意见,这时常招来嫉恨,埋下祸根,早晚会受到帝王的打击报复。但贡禹十分精明,他专拣君上能够解决、愿意解决,甚至正在着手解决的问题去提,而回避重大的、急需的、棘手的问题,这样避重就轻,避难从易,避大取小,既迎合了上意,又不得罪人,表明他"绕圈子"的技巧已经十分圆熟老道了。

如果你针锋相对地进行争执和批驳,对方很难从内心真正接受,还可能使自己"惹火上身"。因此在表达和行事方式上学会一些绕圈子,效果就好多了。

迂回出击,主动给自己创造契机

英国军事家哈利曾说过:"在战略上,漫长的迂回道路,常常是达到目的的最短途径。"在现实世界里,迂回出击常能主动给自己创造契机。

公元前265年,赵国的赵太后刚执政不久,秦便发兵前来进攻。赵国求救于齐国。齐国提出必须以赵太后的小儿子长安君做人质,才肯发兵相救。但是赵太后舍不得小儿子,坚决不允。赵国危急,群臣纷纷进谏。赵太后依旧坚决地说:"从今日起,有谁再提用长安君做人质,我就往他脸上吐唾沫!"大臣们便不敢再多说什么。

有一天,左师触龙要面见赵太后,赵太后知道触龙一定是为了劝谏此事而来,于是她便摆开了吐唾沫的架势。不想触龙慢条斯理地走上前,见了太后,关心地说:"老臣的脚有毛病,行走不便,因此好久未能来见您,我担心太后的玉体违和,今天特地来看望。最近您过得如何?饭量没有减少吧?"

太后答道:"我每天都吃粥。"

触龙又说:"我近来食欲不振,但我每天坚持散步,饭量才有所增加,身体才渐渐好转。"赵太后听触龙不提人质的事,怒气渐渐消了。两人于是亲切、融洽地聊了起来。

聊着聊着,触龙向赵太后请求道:"我的小儿子叫舒祺,最不成才,可是我偏偏最疼爱这个小儿子,恳求太后允许他到宫中当一名卫士。"

太后马上问触龙:"他几岁了?"

触龙答:"十五岁。他年岁虽小,可是我想趁我在世时,赶紧将他托付给您。"

赵太后听到触龙这些爱怜小儿子的话,深有同感,便忍不住与他闲谈。太后说:"真想不到你们男人也疼爱小儿子呀!"

触龙说:"恐怕比你们女人还更甚呢!"

太后不服气地说:"不会吧,还是女人更爱小儿子。"

触龙见时机已到,于是把话题深入一步,说:"老臣认为您爱小儿子爱得不够,远不如您爱女儿那样深。"太后不同意触龙的这个说法。

触龙解释道:"父母爱孩子,必须为孩子作长远的打算。想当初,您

送女儿远嫁燕国时，虽然为她的远离而伤心，可是又祈祷她不要有返国的一日，希望她的子子孙孙相继在燕国为王。您为她想得这样长远，这才是真正的爱。"

太后信服地点了点头。触龙接着说："您如今虽然赐给长安君许多土地、珠宝，但若不使他有功于赵国，您百年之后，长安君能自立吗？所以我说，您对长安君不是真正的爱护。"

触龙这番话说得赵太后心服口服。太后终于同意给长安君准备车马、礼物，送他去齐国当人质，并让他催促齐国出兵。长安君到达齐国后不久，齐国就出兵解了赵国之围。

触龙说服赵太后的方法，便是运用以迂回为策略的典范。

在与人打交道的时候，如果对方非常强大，甚至能直接决定你的成败或生死，你不能退又无法硬攻的情况下，不妨迂回出击，从而为自己创造一定的契机。

夹缝中生存，对谁都要等距离交往

清代掌故遗闻的汇编《清稗类钞》中记载了这样一个故事：

清朝末年，陈树屏做江夏知县的时候，张之洞在湖北做督抚。张之洞与湖北巡抚谭继洵（"戊戌六君子"之一谭嗣同的父亲）关系不太融洽，多有矛盾。

有一天，张之洞和谭继洵等人在长江边上的黄鹤楼举行公宴，当地大小官员都在座。后来，有人谈到了江面宽窄问题，谭继洵说是五里三分，曾经在某本书中亲眼见过。张之洞沉思了一会儿，故意说是七里三分，自己也曾经在另外一本书中见过这种记载。

督抚二人相持不下，谁也不肯丢自己的面子。于是张之洞派人把当地江夏县令召来断定裁决。知县陈树屏，听来人说明情况，急忙整理衣冠飞骑前往黄鹤楼。他刚刚进门，还没来得及开口，张、谭二人同声问道："你管理江夏县事，汉水在你的管辖境内，知道江面是七里三分，还是五里三分吗？"

陈树屏对两人的过节已有所耳闻，听到他们这样问，当然知道他们这是借题发挥。但是，张、谭二人他谁都得罪不起，所以肯定任何一人都会使自己陷入困境。他灵机一动，从容不迫地拱拱手，言语平和地说："江面水涨就宽到七里三分，而水落时便是五里三分。张制军是指涨水而言，而中丞大人是指水落而言。两位大人都没有说错，这有何可怀疑的呢？"张、谭二人本来就是信口胡说，听了陈树屏这个有趣的圆场，拊掌大笑，一场僵局就此化解。

与之类似，我们有时就是会无端地被卷入对立的两派之间，而两边又都得罪不起。于是，这时候就得用点枪手博弈的智慧：在博弈中能否获胜，不单纯取决于彼此的实力，更重要的是取决于博弈方实力对比所形成的关系。也就是说，等距离外交，谁也不得罪。这是夹缝中求生存的高招。

所谓"等距离外交"，就是指无论在工作上或生活上，你与所有的人都大致保持相同的距离，大都处于关系均衡的状态。因为你处在夹缝中得罪不起人，不采取这种博弈策略，你就将面临危险。

也许你会认为，这种等距离、谁也不得罪的策略是一种墙头草的行径，直起腰杆儿做人应敢于挺身入局，表明自己的立场。其实，等距离策略不过是一种博弈手段，其目的是为了在冲突的最初阶段更好地保护自己，并且在将来挺身入局的时候能够占据更为有利的地位。所以，它不是墙头草的行径，而是一种智慧的选择。

PART 09
创变通达，趋利避险

人舍你取，"垃圾"可能变"珍宝"

西方有句谚语说："垃圾是放错位置的财富。"每件事物、每个人都会有其可取之处，正如李白所说："天生我材必有用"，关键就在于人们是否能发现其可用之处。愚昧者，会将别人眼中的宝，视为一文不值的草；聪慧者，则能将别人眼中的垃圾变废为宝，这全是人舍我取的智慧。

现在赫赫有名的李嘉诚，其实亦是深谙"人舍我取"之道的大商人。他通过"房地产低迷时买进，待后来高卖"之法，赚取了大笔利润。

1966年年底，低迷的香港房地产开始出现一线曙光，地价、楼价开始回升。银行经过一年多的"休养生息"，元气渐渐恢复，有能力重新资助房地产业。房地产商跃跃欲试，准备大干一场。

就在此时，香港各种谣言四起，人心惶惶，触发了自第二次世界大战后的第一次大移民潮。人们纷纷贱价抛售物业，司徒拔道的一幢独立花园洋房竟只卖60万港元。新落成的楼宇无人问津，整个房地产市场卖多买少，有价无市。房地产商、建筑商们焦头烂额、一筹莫展。

李嘉诚经过深思熟虑，毅然采取惊人之举：人弃我取，趁低吸纳。

李嘉诚逆同业之行而行,坚信乱极则治,否极泰来。大规模移民潮虽渐息,而移居海外的业主,仍急于把未脱手的住宅、商店、酒店、厂房贱价卖出去。李嘉诚认为这是拓展的最好时机,他把塑胶盈利和物业收入积攒下来,将买下的旧房翻新出租;又利用地产低潮,建筑费低廉的良机,在地盘上兴建物业。

不少朋友为李嘉诚的"冒险行动"捏了一把汗,同业的有些房地产商正等着看李嘉诚的笑话。

1970年,香港百业复兴,房地产市道转旺。有人说李嘉诚是赌场豪客,孤注一掷,侥幸取胜。只有李嘉诚自己清楚,他的惊人之举是否含有赌博成分。他是这场房地产大灾难中的大赢家,但绝非投机家。

行事、用人和经商一样,趁低吸纳,收益巨大,可惜的是,少有人敢这么做。然而正因为此,趁低吸纳之人才会"轻易"地成功。当然,能够做到"趁低吸纳",需要非凡的洞察力和睿智的眼光,这要求我们在生活中多观察、多思考,多加磨炼。一旦发现机会,就要处之不疑,勇敢地将其变为现实,这既是一种勇气与魄力,也是一种创新的胆识与智慧。

遭受恶意诬陷，激烈反驳不如冷静灵活应对

客观世界里充满了矛盾。我们只有掌握了科学的思维方法，才能在错综复杂的矛盾面前立于不败之地。有些人为了达到个人的目的不惜造谣生事、诬陷诽谤，只有具有灵活的思维和准确的分析判断能力，才能够避免被人蒙蔽，做出正确的应对。

晋文公在位的时候，曾遇到过一起发生在自己身边的陷害案。

一天，一个侍从在御膳房端了一盘烤肉，恭恭敬敬送到晋文公面前请其就餐。晋文公拿起餐刀正准备切肉，忽然发现肉上粘着不少头发。他立即放下手中的小刀，命人去找膳吏。

那个膳吏看到传召的侍从脸色不好，一路上不停地琢磨这次国君召见的原因。究竟是刚送去的烤肉火功不够，还是烧烤时用料不当、口味欠佳呢？

他哪知道一见晋文公就遭到一阵责骂。文公气势汹汹地说道："你是存心想噎死我吗？为什么在烤肉上放这么多头发？"

膳吏一听，原来发生了一件自己没有料到的祸事。虽然他明知道这件事里面有鬼，但在君王的气头上是不能辩白的，否则如果把握不好，很容易招致横祸。因此，膳吏急忙跪拜叩头，口中却似是而非、旁敲侧击地说道："请君王息怒，奴才真是该死。烤肉上缠着头发，我有三条罪责。我用最好的磨石把刀磨得比利剑还快，它切肉如泥，可就是切不断毛发，这是我的第一大罪过。我在用木棍去穿肉块的时候，竟然没有发现肉上有一根毛发，这是我的第二大罪过。我守着炭火通红、烈焰炙人的炉子把肉烤得油光可鉴、吱吱有声、香味扑鼻，然而就是烤不焦、烧不掉肉上的毛发，这是我的第三大罪过。不过我还想补充一句，您是一位明察秋毫的贤明君主，您能不能把堂下的臣仆观察一遍，看看其中是否有恨我的人呢？"

晋文公觉得膳吏所言话外有音，所以对案情产生了怀疑。他立即召集属下进行追问，不出膳吏所料，果然找出了那个想陷害膳吏的侍从。晋文公下令杀了那个人。

我们对于形势复杂难以判断的事物只要全面分析、推理，开动脑筋想办法，不被表面现象所迷惑，不被事物的复杂性所吓倒，这样就能正确应对突然来临的因素。这一点，对行于人际关系中的我们显得尤为关键。

正面难入手时，就从侧面出击

作为一种战术，从侧面进攻是行之有效的攻击谋略，特别是在战争上，当自己的力量还不足以与对手抗衡的时候，运用此策略更为有效。历史上，哥特人和匈奴人曾用此法打败了强大的罗马帝国。今天，现代社会的生活中仍可灵活运用，它可以打乱你的对手的阵脚，增加自己胜利的机会，迫使你的对手屈服，最终战胜对手。

印度的帕特尔振兴尼尔玛化学公司在与对手竞争的时候，用从侧面打击对手的方法，最终取得了胜利。20世纪60年代，帕特尔开始了他的创业生涯。创业之初，帕特尔利用自己的专长，在自己的厨房里利用简陋的设备，生产出一种成本极其低廉的洗衣粉，并且把这种洗衣粉命名为尼尔玛。为了打开销路，帕特尔开始四处奔波，试图为他的洗衣粉在竞争激烈的市场上分得一杯羹。

但是根据印度传统的经营理论，城市富裕家庭主妇的钱袋是大多数产品销售的唯一来源。而在当时这一巨大的财源几乎被印度制造业的跨国公司——印达斯坦·勒维尔公司独占着。勒维尔公司在全世界都设有分公司，实力极其雄厚，它的业务范围也相当广泛，而且它所生产的冲浪牌洗衣粉，在印度洗涤市场一直占据着统治地位。作为刚刚起步的帕特尔公司，可以说根本没有力量与勒维尔公司正面交锋。帕特尔看清了这一点，他决定寻找另一条出路。帕特尔针对勒维尔公司只注重城市富裕家庭主妇的钱袋，而忽略了广大中下层人民的需要这一弱点，开始做文章。他绕开与勒维尔正面交战的战场，把注意力放在了无力购买高价洗衣粉的广大中下层人民身上，他相信这是一个潜力巨大而又无人涉足的广阔市场，并制定了灵活的销售策略。

1. 坚持薄利多销。

2. 在产品上做文章。

他不断推出新产品。20世纪80年代中期，帕特尔公司根据市场的需求，先后推出块状洗衣皂和香皂。当这两种产品投入市场的时候，购买者甚多。为此，公司迅速增大了产量，显示出其广阔的发展前景。

随着时间的推移，产品牢牢地把握了市场地位，块状洗衣皂成为尼尔玛公司的主要经济来源之一，仅此一项销售额就达到了公司营业总额的1/4。另一方面，香皂生产也迅速扩大，并在这一领域对勒维尔公司造成了严重的威胁。

为了争取更多的客户，拓展业务，做大做强，尼尔玛公司打起了广告的策略。对于做广告，他们不像有的商家那样，先用大量广告刺激起消费者的购买欲望，紧接着就把产品送到，而是先将自己的产品运送到各个销售点，然后才登广告进行宣传。尼尔玛公司这样做也有它的优势，因为产品广告与充足的货源能够紧密地结合起来，这样可以进一步提高公司在消费者心目中的地位，给消费者一种信赖感。

在公司正确的战略指导下，到了1988年，公司生产的尼尔玛牌洗衣粉，销售达到50万吨。而这时，它的主要竞争对手——勒维尔公司已经被抛在了后面，他们生产的冲浪牌洗衣粉，只售出了20万吨。

自此之后，尼尔玛公司以产品的良好信誉、优良质量和低廉价格深入人心，终使尼尔玛公司在洗衣粉市场后来居上，独领风骚。

帕特尔的胜利为我们提供了处世的经验：当与对方不得不交手的时候，在正面无法取得胜利的时候，就要灵活多变，迂回到对手的后方和侧面采取积极的行动。

第三篇

心理洞察术

PART 01
察言观色的心理策略

从衣服的选择判断人的个性特征

从衣服的选择判断人的性格

有句俗话叫"人在衣裳，马在鞍"，可见衣着是人社会性的重要内容，不仅掩饰了人的动物性，更将人在社会中的地位区分得清楚明白，而且人们在选择衣着的时候，都会考虑到方方面面，如衣着款式、年龄、经济条件、用途等等。一件满意的衣服到底如何，其实都是由他们真实的性格勾勒出来的。

1. 以节约原则为主的人

以节约原则为主的人，购买衣物时，首先从价格上考虑，然后再全力以赴地讨价还价，寸步不让。他们珍惜每一分金钱，即使花一分钱也要计算它的价值；他们会用金钱衡量很多东西，处处考虑金钱利益的得失，所以显得没有丝毫的人情味，很势利。

2. 以讲究原则为主的人

以讲究原则为主的人，在购买衣服的时候，过度讲求衣物的质地面料、手工和美观大方。他们有求知的热情和自己的人生目标；他们非常清楚自己的价值，懂得为自己争取适合自己的东西；他们的享受是建立在辛勤付出的基础之上的，所以多能实现自己的目标和理想。

3. 以树立形象为主的人

以树立形象为主的人,选择衣服时,不以自己的好恶来决定,而是考虑能否给他人留下一个美好的印象。他们在乎自己的一举一动,而且努力实现完美,以求在公众心中树立起良好的形象,这是他们相当重视权势和声望所致。

4. 以思想愉悦为主的人

以思想愉悦为主的人,不喜欢时尚和流行,对商店橱窗中的展示往往不屑一顾,那些既简单而又保守的衣服才是他们的钟爱。他们不在乎物质上的享受,对旁人的评头论足也视若耳旁风,只重视精神上的富足,为了买到理想中的衣服也经常要耗费很多精力和时间。

5. 以唯美原则为主的人

以唯美原则为主的人,购买衣物时,只要求好看,其他的如价格、质地和面料都是次要的。他们对一切美的事物都有十分灵敏的感受,以视觉美为最高的目标;喜欢吹嘘,不注重实际,所付出的努力往往归于昙花一现,有所成就的机会很渺茫。

6. 以实用原则为主的人

对以实用原则为主的人来说,穿衣仅是为了保暖,款式与时尚都是次要或无关紧要的。他们的消费很低,会省下很多的钱,属于持家类型,性情忠

厚,有着菩萨心肠,往往悲天悯人,乐善好施,乞丐上门也经常会受到款待。此类人以中老年居多。

透过鞋子观察对方的性格

鞋子,并不是像人们所想象的那样,单纯地起到保护脚的作用,这只是一方面。在观察他人的鞋子的时候,人们除了注意其美观大方外,还可以通过它对一个人的性格进行观察。

1. 始终穿着自己最喜爱的一款鞋

始终穿着自己最喜爱的一款鞋子,这一双穿坏了,会再去买另外一双,这样的人思想属于相当独立的。他们知道自己喜欢什么,不喜欢什么,他们十分重视自己的感觉,而不会过多地在意他人怎样看。他们做事一般比较小心和谨慎,在经过仔细认真地考虑以后,要么不做,要做就会全身心地投入,把它做得很好。他们很重视感情,对自己的亲人、朋友、爱人的感情都是相当忠诚的,不会轻易背叛。

2. 喜欢穿没有鞋带的鞋子的人

喜欢穿没有鞋带的鞋子的人,并没有多少特别之处,穿着打扮和思想意识都和绝大多数人差不多。但他们比较传统和保守,中规中矩,追求整洁,表现欲望不强。

3. 喜欢穿细高跟鞋的人

穿细高跟鞋,脚在一定程度上是要受些折磨的,但爱美的女性是不会在意这些的。这样的女性,表现欲望是很强的,她们希望能引起他人和异性的注意力。

4. 喜欢穿时髦鞋子的人

喜欢追着流行走、穿时髦鞋子的人,有一种观念,那就是只要是流行的,就全部是好的,但没有考虑到自身的条件是否与流行相符合,有点不切合实际。这种人做事时常缺少周全的考虑,所以会顾此失彼。他们对新鲜事物的接受能力比较强,表现欲望和虚荣心也强。

5. 喜欢穿运动鞋的人

喜欢穿运动鞋说明这是一个对生活持积极乐观态度的人,他们为人较亲切和自然,生活规律性不强,比较随便。

6. 喜欢穿靴子的人

喜欢穿靴子的人，自信心并不是特别强，而靴子却在一定程度上能为他们带来一些自信。另外，他们很有安全意识，懂得在适当的场合和时机将自己很好掩蔽起来。

7. 喜欢穿拖鞋的人

喜欢穿拖鞋的人是轻松随意型人的最佳代表，他们只追求自己的感觉和感受，并不会为了别人而轻易地改变自己。他们很会享受生活，绝对不会苛求自己。

8. 喜欢穿远足靴的人

热衷于远足靴的人，会在工作上投入充足的时间和精力，他们有很强烈的危机感，并且时刻做好了准备，准备迎接一些可能突然发生的事情。他们有较强的挑战性和创新意识。敢于冒险，向自己不熟悉的领域挺进，并且有较强的自信心，相信自己能够成功。

9. 喜欢穿露出脚趾的鞋子的人

喜欢穿露出脚趾的鞋子，这样的人多是外向型的人，而且思想意识比较先进和前卫，浑身上下充满了朝气和自由的味道。他们很乐于与人结交，并且能做到拿得起放得下，比较洒脱。

淡妆与浓妆，表现不同的欲望

不同的装扮，折射出不同的心理

1. 异国妆和怪妆

异国妆是外国流行的妆；怪妆则是没有一定模式和规范，甚至与化妆的本意相悖的妆。这两种化妆者化妆的目的是不同的，因而化妆所起到的效果也就有了很大的差异。

（1）异国妆。喜欢化异国色彩比较浓重的妆的人，多是有比较丰富的想象力，身体内有很多艺术细胞，希望自己将来能够成为一个艺术家。她们向往自由，渴望过一种完全无拘无束的生活。她们常常会有许多独特的、让人诧异的想法，是个完美主义者。

（2）怪妆。眼皮周围或是黑乎乎的，或是蓝幽幽的；嘴唇也是有时紫有时红，有时大嘴巴有时小嘴巴；脸颊涂得红红的。喜欢化如此怪妆的人也清楚自己并没有追求什么美丽，她们只把这种妆当成宣泄的一种方式。她们通常具有强烈的反抗心理，主要是自小受到家庭的溺爱，总是要求说一不二，但现实生活只会使她们失望，所以用一些非常规的思想和行为与社会分庭抗礼，但往往是失败多于成功。

2. 怀旧妆和完美妆

怀旧妆是指某些人将自小形成的那套化妆理论和方法延续到成年，甚至中年和老年。其实是对美好过去的一种回忆，以期忘记现实中的不愉快和不如意，但她们依然保持头脑清醒，不会沉迷其中而忘记现实。她们讲究实际，会极力把握住现在的所有。她们热情善良，善解人意，拥有很多可以推心置腹的朋友。由于容易满足，她们难以享受时代发展带来的刺激和美好。

与化怀旧妆的人不同的是，化完美妆的人追求的是尽善尽美。她们为了完成自己的目标不惜花费巨大代价，任何事情都会追求尽善尽美，属于典型的完美主义者。这种类型的人甚至倾尽所有也要使自己的容貌达到自己满意的程

度。之所以如此，最主要的是她们对自己的才智和财力都有充足的把握，而唯一放心不下的是自己的外貌。为了成为一块无瑕美玉，只好不停地审视自己，用化妆来掩饰不足，结果却让别人感到不自在。

淡妆与浓妆，表现不同的欲望

有的人喜欢淡妆，此类人大多没有太强的表现欲望，希望最好谁也别注意她们。她们只要求能过得去，简单地涂抹一下使自己不至于特别难看就行。她们大多属于聪明和智慧的类型，不会将时间和精力都耗费在梳妆台前；往往有着自己的想法与思考，而且敢打敢拼，所以较多人能获得成功；拥有秘而不宣的秘密，甚至珍藏一生也不会向他人透露；最希望得到别人的尊重，对她们的难言之隐给予支持和理解。

与之相反，有的人则喜欢浓妆。与喜欢淡妆的人相比较，这样的人表现欲望十分强烈。她们不辞辛苦地将各种化学药剂喷洒在自己的脸上，并忍受痛苦用各式工具修饰五官，为的是用一种极端的方式引起他人的注意，而异性的欣赏往往使她们心甜如蜜。前卫和开放是她们的思想特征，她们对一些大胆和偏激的行为大多保持赞赏的态度。她们真诚、热忱，一些恶意的指责并不能使她们受多大的伤害，但她们对他人依然会很尊重。

自然与时尚，个性的保守与开放

女性在约会的时候，或是工作上有重要的提案要进行的时候，化的妆应该比平常要浓，可以说是充满干劲的"决胜负彩妆"。根据心理学家研究，化比平常浓的彩妆，会提高自信心与满足感，变得活跃、具有攻击性，也变得较具社交性。决胜负彩妆似乎真的具有效果，不过，奇怪的是，化这种妆同时也会变得情绪不安，这是因为"和平常的自己不同"。

最容易影响别人印象的是脸孔，而眼睛扮演了尤其重要的角色，唇部也会给人十分深刻的印象。

眼睛给人家的印象取决于眉形与眼线。眉毛描绘成细细的弧形，再画鲜明的眼线，就给人华丽的感觉，在漂亮气派的餐厅里约会时很适合化这种妆。口红使用玫瑰色系的，上唇唇山的部分仔细描绘出锐角，会更加强华丽的印象。

平直上扬的眉形，以深色醒目的眼线，配上强调唇线的深红色的唇，会给人意志极为坚强的印象，不是华丽，而是利落感，给人一种强烈的积极感与坚决强硬的态度。这种强硬感的化妆，在提案会议、做报告或发表意见时，可以做你的后盾。即使实际上自己是很紧张的，也能隐藏住这种情绪，不论是在言语或动作上，都能让你看起来充满自信。

眉尖自然往上扬，但尾端却突然往下的眉形，营造出俏丽可爱的感受。画上淡淡的眼线，口红涂得比实际的嘴唇轮廓大一些，然后再迅速地回眸一笑，就能给人魅力十足的女性印象。跟喜欢的男性朋友约会时，很适合化这种妆。在看似冷淡的气氛中，偶尔散发出带点俏皮的性感，就是最完美的表现了。

口红显示女性的性格和职业

中国有句古话："女儿心，海底针。"这句话蕴含的意思非常简单，即女人的心理是很难猜测的。但是，近来心理学家通过"投射"方式发现，很多女性总会无意识地将自己的心理特征"投射"在自己的日常生活用品，尤其是一些化妆品上。

就拿口红来说，现在全世界几乎有一半的女性每天都会用口红。对那些习惯于每天用口红的女性来说，如果那一天忽然不让她们用口红，她们就会感到如同没穿好衣服一样别扭。口红作为女性增添自己魅力的手段之一，其颜色种类可谓是五花八门，既有红色、粉色、橙色，还有珍珠色、褐色、紫色等。通过观察一个女性对口红颜色的喜好，往往就能知晓她的性格特征和职业。

一般来说，红色的口红会使女性的嘴唇显得更为突出。所以，如果一个女性喜欢红色的口红，则说明其性格外向、活泼好动、乐观、崇尚自由、具有独立的个性。她的社交能力非常的强，对人真诚有礼，喜欢与人分享美好的事物，因而其人际关系处理得非常好，朋友很多。

粉红是一种代表纯情和女性本色美的颜色。通常情况下，如果一个女性喜欢使用此种颜色的口红，则说明其性格较为温柔、和善、思想较为单纯、富有同情心和爱心。但是她的心理承受能力较弱，在挫折和失败面前常常会表现出很委屈、很受伤的样子。她很信任爱情，对恋爱抱有很大的期待。虽然她平时表现得温柔贤淑，但一旦知道冒险的乐趣，很可能会发生大胆的变化。一般来说，涂着这种颜色口红的女性往往从事教师、医生等行业。

橙色往往能给人亲切、温柔、温馨的感觉。所以，喜欢这种颜色口红的女性，其性格较为稳重、和蔼，具有较强的自我控制能力和判断力，无论是对人还是对事，都有自己的观点和看法，从不会人云亦云。在爱情方面，她往往愿意为对方付出自己的一切，是典型的贤妻良母型女性，她坚信"爱情的眼里容不得半粒沙子"。一旦恋人背叛了自己，她极有可能会报复对方。通常情况下，涂着这种颜色口红的女性往往从事各种商业活动，如一些店铺的老板，或是大公司的高级职员。

珍珠色是一种代表纯洁、高洁的颜色。喜欢这种颜色口红的女性，其性格文静、庄重，聪颖谨慎，心思细腻且喜欢追求完美。她具有较强的个性，自我主张非常明确，从不掩饰自己的追求和欲望，喜欢自由地享受生活。在爱情方面，不喜欢受到对方的约束，要求对方尊重自己的个人空间。在与人交往时，她也不喜欢别人干预自己的事情，同时她也不会干预对方的事。通常情况下，涂着这种颜色口红的女性往往是一些自由职业者。

紫色是一种代表高贵和典雅的颜色。喜欢这种颜色口红的女性，其性格较为外向，具有较强的表现欲望和优越感，虽然喜欢在别人面前展示自己的魅力，但从不虚伪。在与人交往时，她往往会给人，尤其是给男性，一种高高在上、难以接近，不易被诱惑的感觉，但她恰恰具有让男性痴迷的不可思议的魅力和个性。通常情况下，涂着这种颜色口红的女性往往从事音乐、艺术等行业。

饰品：心灵文化的显示

佩戴各种装饰品，在古今中外都有着相当长的历史，这是人类审美意识觉醒以来最传统的一种装饰行为。这种行为不仅为人们增添了无限的风采，而且可将人们的身份喜好区分得一目了然，同时，还体现了人们对生活目标的追求和审美时尚的选择。有人认为，佩戴饰品还具有"延长自我"的特点。饰品时刻都在传递着人们的性格、性情和情绪等信息。试想，如果一个人的形象和代表"自我延长"的饰品背道而驰，就会给人以"不完整人格"的印象，所以，根据服饰来判断一个人的性格是有章可循的。

手表：对待时间的态度

"一寸光阴一寸金，寸金难买寸光阴。"这是在说时间的宝贵。时间在不知不觉、悄无声息中流逝，不同的人对此会有不同的感受。有的人视若无睹，而有的人则表示深深的惋惜，然后，抓紧利用每一分钟去做一些有意义的事情。一个人对待时间的看法，很大程度上是由人的性格决定的，而时间对人具有什么样的影响，很多时候又能通过所戴的手表传达出来。这两者之间有着非同一般的关系，下面就针对这一点进行说明和介绍。

1. 喜欢戴电子表的人

有一种新型的电子表，只要按一下显示时间的键，就会出现红色的数字，如果不按，则表面上一片漆黑，什么也看不见。喜欢戴这一类型手表的人多是有些与众不同的特别之处的。他们独立意识非常强烈，从来不希望受到他人的控制和约束，而喜欢自由自在、无拘无束地去做自己想做并且也愿意去做的事情。他们善于掩饰自己的真实情感，所以一般人不能轻易走近去了解他们。在别人看来，他们是特别神秘的，而他们自己也非常喜欢这种神秘感，乐于让他人对自己进行各种猜测。

2. 喜欢液晶显示型手表的人

喜欢液晶显示型手表的人在生活中多为比较节俭，知道如何精打细算。而且他们的思维比较单纯，对简捷方便的各种事物比较热衷，而对于太抽象的概念则难以理解。他们在为人处世各方面多持比较认真的态度，不会显得特别随便。

3. 喜欢戴闹钟型手表的人

喜欢戴闹钟型手表的人大多对自己要求特别严格，总是把神经绷得紧紧的，一刻也不能放松。这一类型的人虽算不上传统和保守，但他们习惯于按一定的规律和规定办事，他们在争取成功的过程中任何一件事都是以相当直接而又有计划的方式完成的。他们非常具有责任心，有时候会刻意地培养和锻炼自己在这一方面的能力。除此之外，他们还有一定的组织和领导才能。

4. 喜欢戴具有几个时区手表的人

戴具有几个时区手表的人多是有些不现实的。他们有一定的聪明和智慧，但一切都止于想象而已，不会努力付诸实践。做事常三心二意，这山望着那山高。在一些责任面前，常以逃避现实的方式面对。

5. 喜欢戴古典金表的人

戴古典金表的人多是具有发展眼光和长远打算的人，他们绝对不会为了眼前一些既得的利益而放弃一些更有发展前途的事业。他们心思缜密，头脑灵活，往往有很好的预见力。他们的思想境界比较高，而且非常成熟，凡事看得清楚透彻。他们有宽容力和忍耐力，又很重义气，能够与家人朋友同甘共苦、生死与共。他们有坚强的意志力，从来不会轻易向外界的一些困难和压力低头。

6. 喜欢怀表的人

喜欢怀表的人多对时间具有很好的控制能力，虽然他们每天的生活都是忙忙碌碌的，但是却并不是时间的奴隶，而懂得如何在有限的时间里让自己放松并且寻找快乐。他们善于把握和控制自己，适应能力非常强，能够很好地调整自己的心态。他们多有比较强的怀旧心理，乐于收集一些过去的东西。他们言谈举止高雅，表现出一定的文化修养。他们有比较浓厚的浪漫思想，常会制造一些出人意料的惊喜。他们为人处世具有耐心，很看重人与人之间的友情。

7. 喜欢戴上发条的表的人

喜欢戴上发条的表的人独立意识比较强。他们自给自足，很多事情都坚持一定要自己动手。他们乐于做那些可以马上见到成果的工作，如干一次体力活。他们最看重的是自己所获得的那种成就感，但在这个过程中，他们又不希望一切都是轻而易举就获得的，这样反而没有了意义和价值。此外他们还并不希望得到他人过多的关心和宠爱。

8. 喜欢戴没有数字的表的人

戴没有数字的表的人抽象化的理念较为强烈，他们擅长于观念的表达，而不希望什么事情都说得十分明白。他们很在意对一个人智力的锻炼和考验，他们认为把一切都说得太明白就没有任何意义了。他们很喜欢玩益智游戏，因为他们本身就是相当聪明和智慧的，他们对一切实际的事物似乎并不是特别在乎。

9. 喜欢戴由设计师为自己设计的手表的人

喜欢戴由设计师特别为自己设计的手表的人，大多非常在乎自己在他人心目中的形象和地位，并且可以为了迎合他人而改变自己。他们时常会大肆渲染而夸张一些事情，以证明和表现自己，吸引别人的注意。

10. 不戴手表的人

不戴手表的人，大多有比较独立自主的性格，他们不会轻而易举地被他人支配，而只喜欢做自己想做并且也愿意去做的事情。他们的随机应变能力比较强，能够及时地想出应对的策略，而且非常乐于与人结识和交往。

耳环：透视性格的物品

经过长期观察、研究，心理学家终于发现，不同性格的人喜好不同形状的耳环，这其实反映出人们希望借此寻求一种内心世界与外在表现的和谐。例如，活泼好动的女性通常会选择小巧的、呈几何图案的明快型耳环；而温顺柔和的女性则偏爱富于曲线美的流线型的耳环。

1. 圆形

喜欢圆形款式耳环的女性比较传统，家庭观念强，有一定的依赖性，但比较知足，性格恬静。她们性情温和、亲切、平易近人，具强烈的责任感。

2. 椭圆形

钟情于椭圆形款式耳环的女性，具较强的独立性和创造性，不论在生活还是在事业上，都显得与众不同，往往能得到上司的欣赏和重用。

3. 心形

这种女性性情细致，体贴入微，而且浪漫活泼，感情丰富，富于女人味。同时也热情大方，乐于助人，对爱情执着，具很强的社交能力。

4. 方形

偏爱长方形或方形款式耳环的女性，生活严肃认真，做事井井有条，坦诚、坚强。她们处事也很沉稳，具很强的洞悉能力，理智行事，精力充沛。

5. 梨形

选择此款式耳环的女性，多为追求时尚的现代女性，容易接受新鲜事物，勇于探索，具较强的适应能力，禀性坦诚、外向，能尊重他人。

6. 橄榄形

偏爱橄榄形款式耳环的女性具很强的事业心，雄心万丈，大胆外向，喜欢接受挑战。她们具有独创性，喜欢标新立异，追求刺激，不易受人影响。

美国纽约的著名心理学家伊莉尼医生认为，通过女性佩戴的耳环不仅能看出她的爱好和眼光，还可以反映出她的性格。

喜欢戴金耳环的人，往往是一个颇有自信心、性格外向并对人友善的人。她们有欣赏好东西的口味，但性格不太外向，注意约束自己，不是一个态度随便的人。

喜欢戴银耳环的是一个有秩序的人，做事喜欢遵循事先制订好的规则，尤其是每天的例行工作，而不喜欢突然使人惊奇。

有些女性喜欢戴家传耳环、旧式耳环，而不去买现代的耳环，身上绝无新潮的耳环。这类人是热衷家庭、忠于家人的，对朋友也非常忠诚。

喜欢戴很大的耳环的人，大多是无忧无虑的人，很有幽默感，喜欢在众人中突出自己。受人欢迎，也乐于助人，能与人善处。

有人喜欢买手工做的耳环，或是自制的耳环，每件都是与众不同的，这类人是有创造性的人，如果向文艺或戏剧方面发展或搞建筑工作，肯定会有成就。

有人爱戴一个小十字架或其他宗教意味的小耳环，这类人有深切的内在力量，对自己的素质引以为荣。为人是实际的，绝无花架子，不希望有炫耀成分的耳环在身上，更不戴假耳环。

有些人耳朵上戴着成串的红宝石、绿翡翠，其实全是赝品。这种人把自己的外貌放在非常重要的地位，也可能生活上要求甚高，喜爱精品，哪怕是假的。

有些人任何耳环也不戴，并不在乎别人满身珠宝。这种人很实际，并不准备在他人心目中建立自己的形象。她可能是个注意内在的人，并不留心外表，也并非无钱购买耳环。

奇妙多变的眼神：眼睛中的真实含义

从眼睛透视对方的心灵

孟子曾说过："观其眸子，人焉哉！"意思就是说：想要观察一个人，就要从观察他的眼睛开始。因为眼睛是人的心灵之窗，所以，一个人的想法经常会由眼神中流露出来，好坏是不容易隐藏的。譬如天真无邪的孩子，目光必然清澈明亮，而利欲熏心的人，则很难掩饰他眼中的混浊不正。

在人们交谈的过程中，如果对方不时地把目光移向近处，则表示他对你的谈话内容不感兴趣或另有所想，正在计划另一件事情。相反的，如果对方的眼神上下左右不停地转动，无法安定下来时，可能是因内心害怕而说谎，通常都有难言之隐，也许是为了不失去朋友的信任，而对某些事情的真相有所隐瞒。

和异性视线相遇时故意避开，表示关切对方或对对方有意；眼睛滴溜溜地转个不停的人，体现了意志力不坚，容易遭人引诱而见异思迁。

眼光流露不屑的人，显示其想表达敌视或拒绝的意思；眼神冷峻逼人，说明他对人并不信任，心理处于戒备状态。

没有表情的眼神，说明这个人心中愤愤不平或内心有所不满；交谈时对方根本不看你，可以视为对方对你不感兴趣或是不愿亲近你。

想要成功地了解一个人，第一件事就是要看穿他的心。只有这样才能分清哪些人是值得亲近的，或应该采取什么样的方式去远离他们。要看穿别人的心，其实并不难。因为再高明的人也会在不知不觉中把自己内心的感情、想法暴露出来，只不过暴露的程度、方式与普通人有些区别而已。

善良淳朴的人，一般而言，眼神大都坦荡、安详；狭隘自私的人，眼神一般都狡猾、昏暗；不恋富贵、不畏权势的人，眼神一般都刚直、坚强；见异思迁、见风使舵的人，眼神一般都游移、飘忽。

人的瞳孔大小与其情绪也有很大的关系。

当人情绪不好、态度消极时，瞳孔就会缩小；而当人情绪高涨、态度积极时,瞳孔就会扩大。

两个人如果是第一次见面,脸往往是第一个被注意的对象,而脸上第一个被注意的目标又往往是眼睛。

眼睛的神采如何,眼光是否坦荡、端正等,都可以反映出对方的德行、心地、人品、情绪。如果对方的眼睛滴溜溜地乱转,很明显,你必须心存戒备了。

躲闪对方目光的人,一向缺乏足够的信心,不仅怀有自卑感,而且性格软弱。他们遇到陌生人,不会主动地前去打招呼,即使打招呼也是躲闪着别人的眼睛,这样的人一般比较拘谨,在处理问题时缺乏自信,没有什么主见。

当然,如果是一对恋人,那样躲闪对方的目光又是另一回事了,那表示紧张或羞涩。

瞳孔中的秘密

作为面部最主要、最可靠的特征,眼睛为人与人之间的信息沟通提供了一种永恒的渠道。在日常生活中,我们经常可以听见这样一些言语,"她的眼神真诱人","他的眼神直刺我的心灵","她的眼神真恶毒",等等。一个人的眼神之所以会"诱人",会"直刺我的心灵",会"真恶毒",这就与一个人看别人时的瞳孔和眼神有直接的关系。这也正如海斯所说:"在人类所有沟通信号中,眼神可能是最能说明问题、最准确的信号,因为眼神是身体的焦点,而瞳孔则是单独发生作用的。"

瞳孔是眼睛的重要组成部分之一,除此以外,瞳孔中还隐藏着很多秘密。科学研究早就证实,瞳孔最能反映一个人内心世界的变化,为什么

瞳孔具有此种作用呢？这就不得不简单谈一下生理学，当一个人还处于胚胎时期时，眼睛是大脑延伸的一部分。后来，随着胚胎的发育和分化，眼睛开始移出颅腔之外，成为一种独立的器官。也就是从这个时候开始，瞳孔正式得以形成，眼睛才可以感知外界光线的刺激，在视网膜上形成各种图像，进而可以传达各种信息。

临床医学上，医生往往将瞳孔作为诊断生命机能的一个灵敏指示器。我们知道，瞳孔对光的反射作用主要是由脑干控制的，与此同时，脑干还控制着生命机体的呼吸、血液循环、血压等活动。瞳孔对光线的反射具有自动保护功能，当光线过于耀眼时，它就会自动缩小，反之，当光线过弱时，它又会自动扩大。因而，当一个病人的瞳孔对光线反射变得迟钝或者完全丧失之后，则说明其脑干功能受到严重损害，这就意味着病人的生命即将结束或已经结束。这也是很多医生在治疗一些遭遇重创，且昏迷不醒的患者前，往往会翻开眼皮看看其瞳孔的原因。

一般来说，正常的瞳孔的放大是不受个人控制的。但是在某些特定的条件下，一个人可以改变自己瞳孔的大小。比如，数百年前的一些风尘女子，为了让自己的眼睛看上去更妩媚、更迷人，她们就会把一种特制的药水滴在眼里，以此来放大自己的瞳孔。瞳孔的大小还与年龄大小密切相关，通常情况下，瞳孔的大小和年龄的大小成反比，婴幼儿的瞳孔最大，而老年时期的瞳孔则是一个人一生中瞳孔最小的阶段。

在一定的光线条件下，瞳孔的大小往往是随着一个人情绪状态的变化而变化。当一个人处于热血沸腾、激情四溢，或者极度恐惧的时候，其瞳孔可能比平常扩大3倍左右；与之相反，当一个人处于悲观失望、万念俱灰的时候，其瞳孔可能收缩为人们通常所说的"金鱼般的小眼睛"或者"鸡眼"。

青年男女在约会时，如果女方真正喜欢男方，那么她在注视男方的时候，其瞳孔会明显扩大，并用她那双水灵灵、圆圆的、含无限柔情的眼神凝视着对方。与此同时，男方在领会女方眼神的意思后，其瞳孔也会渐渐扩大。由于双方瞳孔扩大、双眼圆睁，这就使得彼此在对方眼中显得更为迷人、漂亮、潇洒，从而极易使双方变得激动起来。也正是由于这个原因，很多热恋中的青年男女在选择约会场所时，非常青睐那些光线阴暗的地点，比如，咖啡厅、酒吧等，因为在这些地方，双方的瞳孔可以放得更大一些。

很多玩牌儿的高手之所以能屡战屡胜，最主要的原因就在于他们善于通过观察对手看牌时瞳孔的变化来揣摩对方手中牌的好坏。正如前面所说，当一个人处于兴奋、高兴的情绪状态时，其瞳孔就会明显变大；当一个人处于悲观、失望的情绪状态时，其瞳孔就会明显缩小。因而，他如果看见对方看牌时瞳孔明显扩大，则可基本断定对方拿了一手好牌，反之，当他看见对方看牌时瞳孔明显缩小，据此他又可以断定对方的牌可能不太好。如此一来，自己该跟进还是该扔牌，心里也就有底了。如果对手戴上一副大墨镜或太阳镜，那些玩牌儿的高手可能会叫苦不迭。因为他们不能通过窥探对方瞳孔的变化来推断对手手中牌的好坏。如此一来，他们的胜率肯定会直线下降的。

通过观察一个人在观看某件物品时，其瞳孔是变大还是缩小，进而推断此人对此物品或事物的喜恶程度是很多销售人员，尤其是那些有丰富经验的零售人员的常用方法。比如，他们向某一顾客推荐某种商品时，就会非常留意顾客在看这件商品时瞳孔的变化，如果他们发现顾客在看这件商品时瞳孔明显变大，心里就会暗自窃喜，因为他们据此可以知道顾客对他们推荐的商品很感兴趣，于是他们就会向顾客要一个相对较高的价格。反之，如果他们发现顾客在看商品时，瞳孔明显变小，心里就会暗暗叫苦。因为顾客很可能对他们推荐的商品不感兴趣，相应地，他们就会向顾客要一个相对较低的价格，以此来吸引他的眼球。

听话听音：从言谈之间听出"弦外之音"

"闻其声，知其人。"在说话过程中，人的内心感受直接影响声音，而另一方面，声音大小、韵律、语速、语气等也是内心活动的外在表现。

《礼记·乐记》中谈到人的内心与声音的关系时说："凡音之起，由人心生也。人心之动，物使之然也。感于物而动，故形于声。声相应，故生变。"对于一种事物由感而生，必然表现在声音上。人的声音随内心世界变化而变化,我们因此可以通过"声"和"音"来识人。

语速传递着人的心理

人是最高级的动物,人和动物相区别的主要特征之一就是人有自己的语言。语言是一套音义结合的复杂系统。人在说话时,不是动物的怒吼,不是一种本能的释放,而是在进行思想的交流,同时也是心理、感情和态度的流露,其中,语速的快慢、缓急直接体现出说话人的心理状态。

一个人说话的语速可以反映出他的心理健康的程度。一个心理健康、感情丰富的人在不同的环境下会表现出不同的语速。譬如说,朗诵一篇富有战斗力的激情散文时,会加快语速,借以抒发一种战斗的激情;而朗诵一篇优美的抒情散文时,又会用一种悠扬、舒缓的语气来表达心里的那种美感。在平时的生活、工作中,每个人也都有自己特定的说话方式、语言速度,有的人天生属于慢性子,说话慢慢吞吞,不急不慢,任凭再急的事情,他也照样雷打不动地用他那种独有的语速来叙述给别人听;有的人天生就是个急性子,说话就像打机关枪,一阵儿紧似一阵儿,容不得旁人有插嘴的机会。大多数人介于二者中间,说话的时候语速属于中速。语速是每个人长期以来形成的性格特征,是客观固有的,而且长期存在。通常而言,说话语速较慢的人比较憨厚老实,性格内向,可能会有点木讷;而说话飞快的人,比较精明,热情外向,有着偏向于张扬的性格。

在现实工作中,我们可以更微妙地领略语速中透露出的各种人丰富的心理变化。我们可以根据一个人说话时的语速快慢,判断出他当时的心理状态。如果一个平时伶牙俐齿、口若悬河的人面对某个人时,突然变得吞吞吐吐、反应迟钝,这时候一定是他有些事情瞒着对方,或者做错了什么事情,心虚、底气不足。有些时候,也有一些特例,例如,一位男士暗恋着一个女孩,他在别人面前都能够谈笑自如、幽默风趣,保持着平常的语速。可是,一旦面对着那个他喜欢的女孩,他马上变得不知所措,不知道要说什么,说起话来也仿佛嘴里有什么东西,含含糊糊,一点都不连贯流畅。这样的信号就给我们以暗示:他喜欢她。

我们经常看到的这样的情况,一位平常说话慢慢悠悠、不急不忙的人,面对一些人对他说出不利的话的时候,如果他用快于平常的语速大声地进行反驳,那么很可能这些话都是对他的无端诽谤;如果他支支吾吾、吞吞吐吐,半天说不出话来,那么很可能这些指责就是事实,他自己心虚、中气不足。当一个平时说话语速很快的人,或者说话语速一般的人,突然放慢了语速,就一定是在强调着什么东西,想吸引他人的注意。

辩论赛的时候,每个辩手都保持着尽可能快的语速,尽可能快速且流畅地表达自己的观点。如果能够在语速上胜对手一筹,不仅可以杀杀对方的锐气,也是增加信心的砝码。然而,当有些人在面对别人伶俐的口舌、独到的见解、逼人的语势的时候,或沉默不语,或支吾其词,一副笨嘴拙舌、口讷语迟的样子,很可能这个人产生了卑怯心理,对自己没有信心,又或者被对方说中了要害,一时难以反驳。出现此类窘境,不仅有碍自身能力的发挥,也增长了对方的气焰。

语速可以很微妙地反映出一个人说话时的心理状况,留意对方的语速变化,你就留意到了他的内心变化。

从声调探知人心的深度

声音在初次见面时会给对方留下很深的印象。有些人的声音轻缓柔和,有些人的声音带有沉重威严感。人们往往可以根据声音所获得的印象去识人。

声音会表现性格、人品,有时也是预测个人前途的线索。从脸部表情、动作、言词无法掌握对方心态时,往往可从声调去揣摩他情绪的变化。

1. 高亢尖锐的声音

声音高亢者一般较神经质,对环境有强烈的反应,如房间变更或换张床则睡不着觉。他们富于创意与幻想力,美感极佳而不服输,讨厌向人低头,说起话来滔滔不绝,常向他人灌输己见。面对这种人不要给予反驳,表现谦虚的态度即可使其深感满足。

发出这种声音的女性情绪起伏不定,对人的好恶感也非常明显。这种人一旦执着于某一件事时,往往顾不得其他。不过,一般情况之下也会因一点小事而伤感情或勃然大怒。这种人会轻易说出与过去完全矛盾的话,且并不引以为戒。

男性中发出高亢尖锐声音者,个性狂热,容易兴奋也容易疲倦。这种人对女性会一见钟情或贸然地表白自己的心意,往往会使对方大吃一惊。高亢声音的男性从年轻时代开始即擅长发挥个性。

2. 温和沉稳的声音

这种人属于慢条斯理型，往往上午有气无力，下午却变得活泼起来。他们富于同情心，不会坐视受困者而不理。作为会谈的对象，刚开始时或许难以交往，但他们却是忠实可靠的人。

音质柔和、声调低的女性多属于内向性格，她们随时顾及周围的情况而控制自己的感情，同时也渴望表达自己的观念，因而应尽量让其抒发感情。

男性带有温和沉着声音者乍看上去显得老实，其实也有其顽固的一面，他们往往固执己见绝不妥协，不会讨好别人，也绝不受别人意见的影响。

3. 沙哑声

具有这种音质者，会凭着个人的力量拓展势力，在公司团体里率先领头引导他人，越失败越会燃起斗志，全力以赴。这种声质者中屡见成功的政治家、文学家、评论家。

女性发出沙哑声往往较具个性，即使外表显得柔弱也具有强烈的性格。虽然她们对待任何人都亲切有礼，却一般不显露自己的真心，令人有难以捉摸之感。她们虽然可能与同性间意见不合，甚至受人排挤，却容易获得异性的欢迎。她们对服装的品位很高，也往往具有音乐、绘画的才能。面对这种类型的人，必须注意不要强迫灌输他们自己的观念。

男性带有沙哑声者，往往是耐力十足又富有行动力的人，即使一般人裹足不前的事，他也会铆足劲往前冲。他们缺点是容易自以为是，而对一些看似不重要的事掉以轻心。

4. 粗而沉的声音

发出沉重的、有如自腹腔而发出声音的人，不论男女都具有乐善好施、喜爱当领导者的个性。他们喜好四处活动而不愿静候家中，随着年纪的增长，体型可能也会变得肥胖些。

女性有这种声音者在同性中间人缘较好，容易受到别人的信赖，成为大家讨教主意的对象，这种人是最好相处的。

有这种声音的男性通常会开拓政治家或实业家的生涯，不过，其感情脆弱又富强烈正义感，争吵或毅然决然的举动会使其日后懊悔不已。这种人还容易比较干脆地购买高价商品。

这种类型的人不论男女均交友广泛，能和各种类型的人往来。

5. 娇滴滴而黏腻的声音

女性发出带点鼻音而黏腻的声音，通常是非常渴望受到大众喜爱的人，这种人往往心浮气躁，有时由于过多希望引起别人好感反而招人厌恶。

如果是单亲家庭的孩子，则表明内心期待着年长者温柔的对待。

男性若发出这样的声音，多半是独生子或在百般呵护下长大的孩子。他们独处时感到特别寂寞，碰到必须自己判定事物时会感到迷惘而不知所措。他们对待女性非常含蓄，绝不会主动发起攻势，若是一对一地和女性谈话时，会特别紧张，因此这种人在别人眼中显得优柔寡断。

从说话特点看透对方性格

人说话的目的不仅仅只是把想表达的意思传达给对方就算完成了说话的任务，更主要的目的则是为了让对方接受——更好地、更愉快地接受。为了达到这样的目的和效果，在说话的时候，就要注意自己的语态。从一个人说话的语态上也可以反映出一个人的性格。

在说话中善于使用恭维崇敬用语的人，多为比较圆滑和世故之人，他们

对别人有很好的观察力，往往能够感觉到他人的心情，然后投其所好。这一类型的人随机应变，适应力很强，性格弹性比较大，与绝大多数人都能够保持很好的关系。在为人处世方面多能如鱼得水，左右逢源。

在说话中善于使用礼貌用语的人，一般都是有一定的学识和文化修养，能够给予别人足够的尊重和体谅，心胸比较开阔，有一定的包容力。

说话非常简洁的人，性格多豪爽、开朗、大方，行事相当干练和果断，凡事说到做到，拿得起放得下，从来不犹犹豫豫、拖泥带水，非常有魄力，具有开拓精神，有"敢为天下先"的胆量。

说话拖泥带水、废话连篇的人，多比较软弱，责任心不强；遇事易推脱逃避，胆子比较小，心胸也不够开阔；唠唠叨叨，整天在一些鸡毛蒜皮的小事上纠缠不清。他们虽然对现实的状况有许多不满，但缺乏开拓进取精神，且不会寻求改变，只是在等待，容易嫉妒他人。

说话习惯用方言的人，感情丰富而又特别重感情。他们的适应能力并不是特别强，与其他环境的融合往往需要很长的一段时间。这一类别的人，自信心比较强，有一定的魄力和胆量，很容易获得成功。

在说话的时候，总是不断发牢骚的人，大多是好逸恶劳、贪图享受的人。他们虽然想改变自己的处境，但总是安于现状，坐享其成，而不付诸实际行动。一遇到挫折和困难，就逃避退缩，把原因都归结到外界的因素上。他们对别人的要求总是相当严格的，却从不同样地要求自己。他们自私自利，缺乏宽容别人的气度，很少设身处地为别人着想，总期望得到更多的回报。

9种言谈各有千秋

一母生九子，九子各不同。人与人之间有着很大的差别，由此产生了9种偏狭性情，它们可能妨碍我们对人的理解。

1. 夸夸其谈的人

这种人侃侃而谈，宏阔高远却又粗枝大叶，不太会打理细节问题，琐屑小事从不挂在心上。这种人的优点是考虑问题宏博广远，善从宏观、整体上把握事物，大局观良好，往往在侃侃而谈中产生奇思妙想，发前人之所未发，富于创见和启迪性。他们的缺点是理论缺乏系统性和条理性，论述问题不能细致深入，由于不拘小节而可能会错过一些重要的细节，给后来的灾祸埋下隐患。这种人也不太谦虚，知识、阅历、经验都广博，但都不深厚，属博而不精一类的人。

2. 义正言直的人

这种人言辞之间体现出刚正不阿、不屈不挠的精神,公正无私,原则性强,是非分明,立场坚定。他们的缺点就是处理问题不善变通,为原则所驱而显得非常固执,但能主持公道,往往得人尊崇,不苟言笑而让人敬畏。

3. 抓住弱点攻击对方的人

这种人言辞锋锐,抓住对方弱点就猛烈反击,不给对方回旋的余地。他们分析问题透彻,看问题往往一针见血,甚至有些尖刻。由于致力于寻找、攻击对方的弱点,有可能忽略了从总体、宏观上把握问题的实质与关键,甚至舍本逐末,陷入偏执与死胡同中而不能自拔。在用这种人时,应考虑他在"大事不糊涂"方面有几成火候,如果大局观良好,就是难得的粗中有细的优秀人才种子。

4. 语速快、辞令丰富的人

这种人知识丰富,言辞激烈而尖锐,对人情世故理解得深刻而精到,但由于人情世故的复杂性,又可能形成条理层次模糊混沌的思想。这种人做事只会做力所能及的事情,并且完全可以让人放心,但一旦超出能力范围,就显得慌乱、无所适从。他们接受新生事物的能力强,反应也特别快。

5. 似乎什么都懂的人

这种人知识面宽,随意漫谈也能旁征博引,各门各类都可指点一二,显得知识渊博,学问高深。他们的缺点是脑子里装的东西太多,系统性差,逻辑思维能力不强,思想性不够,一旦面对问题就可能抓不住要领。这种人做事,往往能想出几个主意,但都打不到点子上去。如果他们能增强分析问题的深刻性,做到庞杂而精深,直接把握实质,就会成为优秀的、博而精的全才。

6. 满口新名词、新理论的人

这种人接受新生事物很快,遇到新鲜言辞就能在日常生活中运用,而且有跃跃欲试、不吐不快的冲动。他们的缺点是没有主见,不能独立面对困难并解决之,易反复不定,左右徘徊,比较软弱。他们如果能沉下心来认真研究问题,锻炼意志,无疑会成为业务高手。

7. 说话平缓的人

这种人性格宏广优雅,为人宽厚仁慈。他们的缺点是反应不够敏捷果断,转变不快,属于细心思考、长久思考型人才,有恪守传统、思想保守的倾向。他们如果能加强果断勇敢之气,对新生事物持公正而非排斥态度,会变得从容平和,具有长者风范。

8. 讲话温柔的人

这种人用意温和,性格柔弱,不争强好胜,权力欲望平淡,与世无争,不轻易得罪人。他们的缺点是意志软弱,胆小怕事,雄气不够,畏惧麻烦;对人事采取逃避态度。如果能磨炼胆气,知难而进,勇敢果决而不犹豫退缩,他们会成为一个外在宽厚、内存刚强的刚柔相济的人物。

9. 喜欢标新立异的人

这种人独立思维好,好奇心强,敢于向权威说不,勇于向传统挑战,开拓性强。他们的缺点是冷静思考不够,易失于偏激,不被时人理解,成为孤独英雄。他们可利用他们的异想天开式的奇思妙想做一些有开创性的事。

说话不停点头和摇头的人

有一种人在跟别人说话时,会不停地点头,好像很明白、很认同他人的看法。其实,这种人是处事轻率大意之人,他们看似什么事都能独力承担,

而结果承诺了却往往做不到。这一方面是由于他不认真去做,另一方面也表现出他的被动性很强,有时并不是他不想做好,而是他不敢否定而惯性地认同对方,但事后又觉得很不合自己的做事方式,结果便得出一个很差的效果来。

有一种人说话时不停摇头,显然是体现出他对别人不尊重,这种人可说是心高气傲,对自己自视过高,却轻视别人。因此如遇着了这类对手,你便不要寄以太大希望了,除非你比他更加骄傲。这类人有朝一日遇到了挫折,很容易一跌不起,因为消极和悲观的情绪必会占据他整个内心世界。

交谈时不断摸头发的人

如果交谈的人在与别人面对面坐着或站着时,总喜爱不时地摸一摸头发,好像在引起别人对他发型的兴趣。其实不然,因为这种人就是一个人独自在家看电视,也会每隔三五分钟"检查"一下头发上是否沾上了什么不好的东西。

他们大都性格鲜明,个性突出,爱憎分明,尤其疾恶如仇。假如公共汽车上有小偷,而乘客都是这种人的话,那个小偷一定会被当场打个半死。他们一般很善于思考,做事细致,但大多缺乏一种对家庭的责任感。他们对生活的

喜悦来源于追求事业的过程,这句话听起来有点玄乎,不过仔细想来你就会明白,喜欢努力和奋斗的人,他们是不在乎事情的结局的。他们在某件事情失败后总是说:"我问心无愧,因为我去干了。"

说话时腿喜欢抖动的人

开会也好,与别人交谈也好,独自坐在那儿工作也好,或是看电影也好,有些人总喜欢用腿或者脚尖使整个腿部颤动,有时候还用脚尖磕打脚尖或者以脚掌拍打地面。这种行为举止当然不能登大雅之堂,但习惯者总是习以为常。

这种人最明显的表现是自私,很少顾虑别人的感受,凡事从自己的利益出发,尤其是对妻子的占有欲望特别强,经常会无缘无故地制造一些"醋海风波",在这个问题上说他们具有"神经质"一点也不过分。他们对别人很吝啬,对自己却很知足,据说"守财奴"——欧也妮·葛朗台就有这种"良好"的习惯。

不过这类人很善于思考问题,他们经常给周围朋友提出一些意想不到的建议。

说话时盯住别人的人

有些人在与他人谈话时喜欢目不转睛地看着别人。在聚会上,这种人也常常盯住一个人不放,而他并不是看上了这个人。

这种人的支配欲望很强,而大多数的时候他们确实又都有某种优势,因此只要有机会,他们就会向别人表现自己。怎么说呢?他们占不到天时地利就一定能占到"人和"。他们的行为时常看起来像花花公子(很多时候是事实),但有一点值得大家肯定,他们选定了人生的目标就一定会去努力实现。

这种人不喜欢受束缚,经常我行我素。另一方面,他们比较慷慨,因此他们周围总是有一些相干和不相干的人在一起。自然,有真心的,也有看中"酒肉"的。

每个人都有自己的言谈习惯,而且不同的人所具有的言谈习惯都有各自的特点。

心理学家经过反复调查和研究,了解到一个人的说话习惯与其性格特征有着直接的关联,而且可以把这种关联作为认识一个人的基本方法。

从聊天场合的选择上观察对方

1. 喜欢在饭店大厅里谈正事的人

这种人多数胆量大,不在乎自己的隐私被其他人窃取,即使别人对自己构成了威胁,他们也有十足的把握来解决出现的问题,这是他们智慧超众的表现。

2. 喜欢在茶馆里聊天的人

这种人通常都极为谨慎,认为茶馆中的人都是等闲之辈,对自己不构成威胁,即使听到了自己说出不该说的话也奈何不了自己。他们做任何事情都很小心谨慎,认为混在茶馆中可以掩饰自己的庐山真面目,所以电视剧中的地下党多在茶馆中联络和碰头,贩毒分子也多在茶馆中进行交易。

3. 喜欢在俱乐部或酒吧谈事情的人

这种人大多数沽名钓誉,认为这种场合能够满足对方的很多欲望,而且名正言顺,以休闲和娱乐为目的。同时,还可以提高自己的身份和影响,有利于自己目标的实现。

4. 相约在办公室里谈事情的人

这种人对人多半十分有诚意,因为办公室是一个单一性质的场所,不允许也没有其他人或事情影响谈话内容和气氛,自己可以和对方进行最实际的谈话。他们对工作充满了自信,认为工作可以帮助自己解决很多甚至所有的问题,所以办公室成了他们最信任的地方。

5. 喜欢在被窝中聊天的人

他们通常与谈话对方达到了亲密无间、无话不谈的地步。他们之所以选择在被窝中聊天,因为那里安静,不会有意外的人或声响来扰乱谈话或他们的情绪,表明他们对外界适应能力不强,而且有胆小怕事的软弱性格。在生活或工作当中受到很多的压抑,为了发泄,而且不被别人察觉,他们往往在被窝中向亲朋好友倾诉自己的苦水。他们也善于掩盖自己的情绪,喜欢或不喜欢别人很难察觉到。

6. 喜欢在宽敞场所聊天的人

这种人多为心胸开阔、乐观直爽的人,但性格当中也有怯弱的一面。因为宽敞的场所通常人很稀少,他们选择在这种场所聊天完全可以不用担心隔墙有耳,给自己留下什么麻烦。他们以男人居多,一般志向远大,目光长远,居安思危，给人一种沉着稳重的感觉；也善于掩饰自己的真情实感，别人，有时包括亲人也无法理解他们。

从回答时间的习惯上看透对方

大家经常会遇到这样的情况：碰巧自己忘记带表也没带其他的现代通信工具比如手机之类的东西，在这样的情景下，我们要想知道时间，一个有效便捷的方法是向周围的人询问。实际上，从回答时间上也可以看透对方，虽然你可能从未意识到这一点。

1. 回答准确时间的人

回答准确时间的人，性格内向，实事求是，踏实肯干，做事认真，积极上进，遇逆境能忍受，具有持之以恒的精神，事业容易成功。但此种人因事业心强，一般不主动接近别人，也使人不易接近，待人不热情，爱好不广泛。

2. 回答的是大约时间的人

回答的是大约时间，最多相差几分钟的人不拘谨，不计较个人得失，性格温和、不嫉妒人。这种人不能成大事，也不能做小事，他们的一生都将会在平平庸庸中度过。

3. 回答的时间误差极大的人

这种人办事马马虎虎，处事不够机灵，"嘴尖皮厚腹中空"。这种人头脑反应比较慢，看问题只看表面。但他们干活迅速而果断，能面对实际。

4. 回答时，故意夸大或缩小时间值的人

有些人回答时，故意夸大或缩小时间值，这种人虚伪、表里不一，往往把芝麻说成绿豆大，考虑问题不周全，办事持无所谓的态度，不能承担责任。

PART 02
慧眼识人的心理策略

坐姿：洞悉人的动向

坐姿是心灵的暗示。从坐的方式、坐的姿态、坐的距离中，都可能窥出一个人真实的意思，了解一个人心理的动向。在日常生活中，正确地观察每个人的坐姿会发现，各具特色，不一而足。每一种坐的方式，似乎是无意的，而就从这貌似随意中，可以解读每种姿势透露出的不同性格和心理状态。

古板型的坐姿

坐着时两腿及两脚跟并拢靠在一起，双手交叉放于大腿两侧的人为人古板，从不愿接受他人的意见，有时候明知别人说得是对的，他们仍然不肯低下自己的脑袋来接受。

他们明显缺乏耐心，哪怕只有几分钟的会面，他们也时常显得极度厌烦，甚至反感。

这种人凡事都想做得尽善尽美，定的却又是一些可望而不可即的目标。他们爱夸夸其谈，而缺少实干的精神，所以，他们总是失败。虽然这种人为人执拗，不过他们大多具有丰富的想象力。如果他们在艺术领域里发挥自己的潜能，或许会做得更好。

对于爱情和婚姻，他们也都比较挑剔，人们会认为这种人考虑慎重，但事实不然。应该说是他们的性格决定了这一切，他们找"对象"是用自己构想的"模型"如"郑人买履"般寻觅,这肯定是不现实的做法。而一旦谈成恋爱,则大多数都属于"速战速决"类型,因为他们的理念是中国传统型的"早结婚,早生子,早享福"。

悠闲型的坐姿

这种人半躺而坐,双手抱于脑后,一看就是一种怡然自得的样子。这种人性情温和,与任何人都相处得来,也善于控制自己的情绪,因此能得到大家的信赖。

他们的适应能力很强,对生活也充满朝气,干任何职业好像都能得心应手,加之他们的毅力也都非常坚强,往往都能达到某种程度的成功。这种人喜欢学习但不求甚解,可能他们要求的仅是"学习"而已。

他们的另一个特点是挥金如土。如果让他们去买东西,很多时候他们是凭直觉选择。对于钱财他们从来就是把它看作身外之物,"生不带来,死不带去",以至于他们时常不得不承受因处理钱财鲁莽而带来的后果,尽管他们挣得钱不少。

他们的爱情生活总的来说是较快乐的,虽然时不时会被点缀上一些小小的烦恼。这种人的雄辩能力都很强,但他们并不是在任何场合都会表现自己,这完全取决于他们当时面对的对象。

自信型的坐姿

这种人通常将左腿叠放在右腿上,双手交叉放在腿跟儿两侧。他们具有较强的自信心,特别坚信自己对某件事情的看法。如果他们与别人发生争论,可能他们并没有在意别人的观点和内容。

他们的天资聪明,总是能想尽一切办法并尽自己的最大努力去实现自己的梦想。虽然也有"胜不骄,败不馁"的品性,但当他们完全沉浸在幸福之中时,也会有些得意忘形。

这种人很有才气,而且协调能力很强。在他们的生活圈子里,他们总是充当着领导的角色,而他们周围的人对此也都心甘情愿。

不过这种人有一个不好的习性,就是喜欢见异思迁,常常是"这山看着那山高"。

腼腆羞怯型的坐姿

把两膝盖并在一起,小腿随着脚跟分开成一个"八"字样,两手掌相对，放于两膝盖中间，这种人特别害羞，多说一两句话就会脸红。他们害怕的就是让他们出入于社交场合。这类人感情非常细腻，但并不温柔，因此这种类型的人经常使人觉得很奇怪。

这种人可以做保守型的代表，他们的观点一般不会有太大的变化，他们对许多问题的看法或许在几十年前比较流行。在工作中他们习惯于用过去陈旧的经验做依据，这本身并不是错，但在新世纪到来的今天，因循守旧肯定会被这个社会淘汰。不过他们对朋友的感情是相当诚恳的，每当别人有求于他们的时候，只需打个电话他们就肯定会效劳。

他们的爱情观也常常受着传统思想的束缚，经常被家庭和社会的压力压得喘不过气来，而自己仍要遵循那传统的"东方美德"、"三从四德"等旧观念。

坐着时动作的变化

坐这个动作，也因人的不同而产生了各式各样的坐法。有的人是猛然地坐下，有的人则慢慢坐下，也有些人小心翼翼地坐在椅子前部，还有些人将身体深深沉下似的坐着。种种行为，无不坦白地表现出了各人的心理状态。

当大家看见某人猛然坐下的行为，一定视为不拘小节的样子，其实，完全出乎你所料的情形很多。换句话说，在其所表现出来的似乎极端随意的态度里，其实是在隐藏内心极大的不安。这是由于人具有不愿被对方识破自己真正心情的抑制心理，尤其在与他人的初次会面时，这一心理更加强烈。此种人坐下后，往往便表现出有些不安、心不在焉的态度，因此更可立即看出其心情。当然，知心朋友之间，则不能一概而论，而视为与其态度一致的心情表现。

那么，坐下之后怎么样呢？舒适而深深地坐入椅内的人，可视为在向对方表现处于心理优势的行为。因为本来所谓坐的姿势，是人类活动上的不自然状态，坐着的人必然在潜意识中想着立即可以站起来，心理学上，称它为"觉醒水准"的高度状态。随着紧张程度的解除，该"觉醒水准"也会因而降低。因此腰部是逐渐向后拉动的，变成身体靠在椅背、两脚伸出的姿势。此种并非发生何事都可以立即起立的姿势，是认为跟对方不必过分紧张之人常采取的姿势。

可是，与此相对的，始终浅坐在椅子上的人无意识地表现着比对方居于心理劣势，且欠缺精神上的安定感。因此，对于持这种姿势而坐的客人，如果同他谈论要事,或托办什么事,还为时过早,因为他还没有定下心来。

走姿:了解人的性情

昂首挺胸的走姿

有些人走路时抬头挺胸,大踏步地向前,充分表现出自己的气魄和力量,当然也难免给旁人一种骄傲的感觉。

这类人爱以自我为中心,淡于人际交往,不轻易投靠和求助别人,哪怕碰到自己根本就无法解决的事情时也是这样。他们思维敏捷,做事逻辑思维清晰,考虑问题比较全面。对于不是很复杂的事情,他们也时常为自己拟订一份计划。

他们习惯于修整仪容,衣履整洁,时刻使自己保持着美好的形象。无论是逛街还是访友,出门前他们总喜欢在镜子前端详一下自己:"头发凌乱否?衣服平整否?皮鞋光亮否?"

这类人的最大弱点是羞怯和没有坚强的毅力。时常看到他们有很多伟大的计划,却很难发现他们有成功的事业,加之个性羞涩,难以主动与人交往,时常不能充分发挥自己的能力,所以他们时常有一种"黄金埋土"的感觉。这种人还极富组织力和判断力,可惜他们时常说得多做得少。"说话的巨人,行动的

矮子"也许是这种人的真实写照。

摇摆不定的走姿

这种人看似行为放荡,但对人热情诚恳,即使是女性也有一股侠义之气。处事坦荡无私,对电视台"露脸"等活动情有独钟。他们乐意帮人解决各种问题和困难,而且不需要别人的感激。需提醒他们的是:切勿锋芒太露,也不要有轻浮的举动。

步伐整齐的走姿

走路如同上军操,步伐齐整,双手有规则地摆动,在人们看来非常不自然,但他们却感觉那样协调。这种人意志力很强,对自己的信念十分专注,他们选定的目标一般不会因外在环境和事物的变化而改变。

行动急促的走姿

大部分人遇到紧急情况都会不顾一切地疾行,如果任何时候都显得来也匆匆,去也匆匆,好像屁股后面着了火似的就另当别论了。这种人办事比较急躁,虽然明快而又有效率,但缺少必要的细致,有时会草率行事,缺少足够的耐性。他们遇事从不推诿搪塞,勇敢正直,精力充沛,喜欢迎接各种挑战。

微倾式的走姿

有的人走路时习惯于身体向前倾斜,甚至看上去像弯着腰,倒并不是因为他们走得较快需用身体来平衡,与之相反他们大多数步伐还非常平稳。

这类人性格内向,而且有一颗关爱之心;害羞腼腆,见到异性常会红脸;具有较好修养,为人谦虚,从不花言巧语;注重感情,一旦成为至交则情深似海、痴心不改。但这种人常常对生活感到厌烦,这是由于他们受伤害多,又不愿向人倾诉,独自生闷气造成的。

他们从不欺骗他人,非常珍惜友谊和感情,只是平常不苟言笑,与人相处也是一副"借他米还他糠"的冷漠样,很难与人相处。但一旦成为知交则至死不渝,尤其在恋爱或婚姻出现分歧、决裂时,他们总是抱着"宁肯人负我,我绝不负人"的观念。

内八字式的走姿

内八字式走路的人,表现得滑稽可笑。他们永远是副憨实厚道的样子。但这种人在厚道的外表下,并不显得沉静。他们平常留意生活中的细节,事事喜欢按部就班地进行,如果有突发事件发生,他们就会大乱阵脚,而显得手足无措。

这种人的形象注定了他们不会创新，情愿跟着潮流走。当别人把一定的权力交给他们，而使其成众人注目的焦点时，他们就会浑身不自在而烦躁不安，因为他们只追求平淡的生活。

手势：表情达意的辅助手段

在体态中，手势是很突出的。演讲、教学、谈判、辩论乃至日常交谈，都离不开手势，所以，行为学家曾形象地比喻说："手势是人的第二张唇舌。"人们的种种心理可以通过千姿百态的手势体现出来，而且手势有时还比言语更能传达说话者的心意。

确实，一双手上的信息涵盖量是非常多的，会画画的人可能都有这样的体会。画人往往手是极难画的，如果不能通过手把它所包含的信息全部表现出来，那么整幅作品就可能全部失败，可见手的作用是很重要的。

爱幻想：双手托腮

以手托腮的动作，是一种替代的行为，是在用自己的手代替母亲或是情人的手，来拥抱自己或安慰自己。

在精神抖擞毫无烦恼的人身上，是不经常看见这样的行为；只有在他心中不满、心事重重时，才会托着腮沉浸于自己的思绪中，借此填补心中的空虚与打发烦恼。

如果你眼前的人，正用手托腮听你说话时，那就表示他觉得话题很无聊。你的谈话内容无法吸引他，或者他正在思考自己的事，希望你听他说话。而如果你的恋人出现这样的举动，也许他正厌倦于沉闷的聊天，希望你给他一个热情的拥抱呢！

倘若平日就习惯以手托腮的话，表示此人经常心不在焉，对现实生活感到不满、空虚、期待新鲜的事物，梦想着在某处找到幸福。想抓住幸福的话，不能只是用手托着腮幻想而什么都不做。"守株待兔"便是这类型的人最佳的描写。

有这种个性的人在谈恋爱时，会强烈渴望被爱，总是祈求得到更多的爱，很难得到满足，处于欲求不满的状态。

从另一个角度来看，这种人因为觉得日常生活了无创意，而习惯于沉浸在自己编织的世界中，偏离了现实世界，脑中净是浪漫的情怀，与之交谈，往往会有一些意想不到的有趣话题出现。

这种人就像一个爱撒娇的孩子一样，随时需要呵护，但太过于溺爱也不是好事。拿捏好尺度，适当地满足他的需求才是上策。而经常做出托腮动作的人，除了要自我检讨这种行为是否是因内心空虚产生的反射动作外，也应尽量充实自己，减轻内心的痛苦，试着通过心态的调整，改善表露在外的肢体动作。

个性十足：手势上扬

手势上扬，代表着号召、鼓舞或赞同、满意的意思，有时候也用以打招呼。演讲或说话时手势上扬，最能体现个人风格。经常使用这种手势的人大多

性格开朗、豪迈、不拘于形式。手势上扬,无形之中还给人一种振奋和积极向上的力量。

采用上扬的手势,有时还可表现一个人的幽默风格。

陈毅元帅幽默风趣、谈吐机敏,尤其在担任外交部部长后,时常语惊四座。

1965年9月29日,他在人民大会堂举行大型记者招待会,阐述我国的内外政策,回答记者们的提问。简短的开场白后,陈毅话锋一转,手势向上一扬,笑道:"你们可要警惕,到中国来,要当心被'洗脑筋'啊!"顿时,哄堂大笑,会场上呈现一片活跃的气氛。

当一位记者问到我国核武器的发展情况时,陈毅回答说:"中国已经爆炸了两颗原子弹,第三颗原子弹可能也要爆炸,何时爆炸,请你们看公报好了。"陈毅元帅有力地将手向上一扬,记者们又是一阵大笑。

手势上扬,可以塑造出一种豪放、大度、有号召力的个人魅力。

挑战之意:双手叉腰

孩子与父母争吵、运动员对待自己的对手、拳击手在更衣室等待开战的锣声、两个吵红了眼的冤家……在上述情形中,经常看到的姿势是双手叉在腰间,这是表示抗议、进攻的一种常见动作。有些观察家把这种举动称之为"一切就绪",但"挑战"才是其最基本的实际含义。

这种姿势还被认为是成功者所特有的姿势,它可使人想象到那些雄心勃勃、不达目的誓不罢休的人。这些人在向自己的奋斗目标进发时,都爱采用这种姿势。含有挑战、奋勇向前趋势的男士们也常常在女士面前采用这种姿势,来表现他们男性的好战,以及男子汉形象;但女人如果用这一姿势,给人的感觉则是不温柔,有母夜叉、河东狮吼的感觉。

在生活中,大家应该多些友爱和阳光。我们可以向困难挑战,可以向远大目标挑战,但不可以向同伴挑战,不可以用双手叉腰增添剑拔弩张的气氛。

防卫心重:双臂交叉

将双臂交叉抱于胸前,是一种防御性的姿势,是防御来自眼前人的威胁感,使自己不产生恐惧。这是一种心理上的防卫,也说明对眼前人的排斥感。

这个动作似乎正传达着"我不赞成你的意见"、"嗯……你所说的我完全不懂"、"我就是不欣赏你这个人"等。当对方将双臂交叉抱于胸前与你谈话时，即使不断点头，其内心也可能对你的意见并不表示赞同。

也有一些人在思考事情时，习惯将双臂交叉抱于胸前，一般而言，有这种习惯的人，基本上属于防卫心强的类型，在自己与他人之间画下一道防线，不习惯对别人敞开心胸，永远和对方保持适当的距离，冷漠地观察对方。

这种人是戒备心理强的人，大多数在幼儿时期没有得到父母充分的爱，例如：母亲没有亲自喂母乳、总是被寄放在托儿所、缺乏一些温暖的身体接触等。在这种环境之下长大的人，特别容易体现出此种习惯。

著名的日本演员田村正和，在电视剧中常摆出双臂交叉抱于胸前的姿势，因此他给观众的感觉，绝不是亲切坦率的邻家大哥，而是高不可攀的绅士。他不是那种会把感情投入对方所说的话题中，陪着流泪或开怀大笑的类型。他心中似乎永远都藏有心事，在自己与别人之间筑起一道看不见的屏障。这种形象和他习惯将双臂交叉抱于胸前的姿势似乎非常符合。

个性直率的人通常肢体语言也较为自然、放得开。当父母对孩子说"到这儿来"，想给孩子一个拥抱时，一定会张开双臂，拥他入怀。试试看将双臂交叉抱于胸前对孩子说"到这儿来"，孩子们绝不会认为你要拥抱他，而是担心自己是否惹你生气，准备挨骂了。

果断的印象：手势下劈

手势下劈，给人一种泰山压顶、不容置疑之感。使用这种手势的人，一般都高高在上，高傲自负，喜欢以自我为中心。他的观点，不会轻易容许人反驳。这个动作伴随着的意思是"就这么办"、"这事情就这样决定了"、"不行，我不同意"等话语。

日常生活中，大家常遇到一些上司，在讲话时，为了强调自己的观点，把手势往下劈。每当这个时候，听者最好不要轻易提出相悖的观点，对方一般也是不会轻易采纳的。平常与同事或朋友三五成群地争论问题，有人为了证明自己的观点而否定别人的观点，也常用这种手势来否定别人的观点，打断别人的话。善于识别这种手势语言，有助于我们为人处世采取适当的姿态。

PART 03
看透他人的心理策略

女人的行为：折射其性格的镜子

女人的行为十分的微妙。在生活工作中，从女人某一个行为，就可以反映她性格的一面，因此，女人的行为成为折射她性格的镜子。

从约会的动作判断女孩的心理信息

情人的约会是浪漫的、甜蜜的。约会不一定需要烛光晚餐，花前月下，而只要两个人心心相印，情投意合，又岂在朝朝暮暮？

你和恋人在周末的夜晚坐在环境雅致、音乐舒缓、富有浪漫气息的咖啡厅里。此时，对面女友的动作将透露出她心底的某种信息。

如果在你们的交谈中，你的女友不停地更换脚的跷势，说明她此时正心浮气躁、寂寞难耐，心中有情绪需要宣泄。

如果她在用手摆弄头发，那么这有两种情况：一是她在轻轻地抚摸头发，这是她心底渴望你用温柔的言语体恤她的意识的表现；二是她用力地拨弄头发，这是她觉得受到压抑或对某事感到后悔的表现。

如果你的女友总是在拉扯自己的裙子，很在意裙子的长短和覆盖面，这是她自我防卫心理的显示。她能够想象自己衣冠不整的模样，所以严阵以待。

如果你的女友的眼睛带着湿润并含情脉脉地注视着你，那么她一定爱你很深。她很用心地听你讲话，眼神和你交会时也不岔开视线，一切都说明她正全心全意地爱着你。

如果她总是在用手抚摸自己的脸颊,那么这是她想要掩饰自己的感情或不愿泄露自己真实本意而在无意中表现出来的动作。你们相处一定不久,或许还没进行表白。

如果女孩拄着腮帮听你讲话,是一种渴望被认同、被了解的流露。其实她并不是在认真地听你讲话,而是在对你的迟钝和不解风情作无言的抗议。

如果女友用一只手捂着嘴巴,静静地听你畅谈,那么这说明她正在控制自己按捺不住的喜悦之情,她太喜欢你了!所以正在尽力掩饰自己内心的激动,认定你就是她的白马王子。

如果她常用手摸鼻子或脸颊、耳朵,这是表示她有些紧张,力图掩饰自己,害怕脸颊泄露自己的秘密。她正处于恋爱初期,恋爱使她更加认识到自身的价值;另一方面,她也想让自己不要脸颊绯红或不自主地含情脉脉,以免让你看见以为她已经非你莫嫁。

男人的行为：诠释心灵的语言

知己知彼，方能百战不殆。徜徉在爱海中，陶醉在玫瑰香与赞美声中的你，是否真正了解你心爱的男人？

从男人的行为上看清男人，你只要仔细观察他的行为，对照下文的类型，就能让你轻松读懂一个男人的心！

从男友喜欢的手指看他爱你有多深

你是否为不知道他对你是否真心而苦恼呢？相处也有一段时间了，他对你也很体贴，可你却为该不该对他付出太多感情而迷茫。

一种观点认为这个问题只要伸出你的手，让对方选择其中他最喜欢的是哪个手指就可以解决了。

1. 选择大拇指的男人

如果他选择大拇指，则表明他对你几乎死心塌地，唯命是从。说穿了你是他心目中的崇拜对象，甘心永远拜倒在你的石榴裙下。但是他的嫉妒心很强，要小心才是。

2. 选择食指的男人

如果选择食指，说明他对你可不是那么单纯！如果你很欣赏他，愿意付出完全的自己，那就危险了——可能他是一个逢场作戏的花花公子。

3. 选择中指的男人

他可能对你的中指非常有兴趣，那么他不够喜欢你。他只不过想跟你做个朋友而已，如果你想进一步和他交往，自己必须付出比较大的努力。

4. 选择无名指的男人

或许他会选择你的无名指吧，这说明他非常爱你。他爱你爱得让人无所适从，甚至殷勤得让你反感。

5. 选择小指的男人

如果他选择了你的小指，表明他暗恋你已经很久了，但是始终不敢流露自己的情感，你若钟情于他，快快暗示他，也许你们会比翼双飞，不要错过这种缘分。

从他对家人的爱观察他

一般而言,女性之间比男性之间更放得开、更善于表达,爱更容易说出口一些。父亲爱儿子的方式就是对儿子的训斥、呵护,而母亲对女儿则是一种温柔、无声、细腻的爱。

向家人表示爱的方式,会揭示一个人的基本性格特征,会透露一个人对待工作的态度。有的人性格外向乐观,可能更容易将爱表现出来;有的人比较内向含蓄,表达的时候可能比较不容易用开放的直接的方式。喜欢表达爱意的人,可能工作方面更加外显、更加张扬、更加热情充沛一些。不容易说出爱的人,是属于比较内敛、比较含蓄,做事稳重、踏实一些的人。

不同的人,表达爱的方式不一样,表现他对事物的看法也不同。有的人喜欢通过一些直接的行动表达自己对家人的爱。一句话、一个眼神、一次拥抱……搜狐做过一项名为"拥抱•爱•拥抱"的调查。据调查显示,57.1%的人不会吝惜自己的拥抱,希望直接表达出对家人、对朋友、对爱人的深情厚谊;64.8%的人可以接受"当众拥抱";34.6%的人是为了"给所爱的人以支持或鼓励"才去拥抱的;70.8%的人会以"琐事见真情"的方式代替拥抱。但就"以拥抱表达爱"这点来看,大多数的人愿意在琐事中见真情,这可能是受传统文化的影响较深。还有一部分人不会吝惜自己的拥抱,他们知道怎样表达爱,怎样做能够让别人感受到爱,他们了解自己也了解别人。

对家人爱的表达方式多种多样,每个人选择的方式不同。如果是夫妻之间,有些人会选用一些浪漫的方式,例如:送伴侣一束鲜艳美丽的玫瑰花;照一张情侣照,并把它装在一个漂亮的相框里,当作礼物送给对方;写一封短短的情书,把它贴在浴室充满雾气的玻璃上;寄封电邮或电传表达你的爱意;邀请对方参加一个精心设计好的约会,给她一个惊喜。这些表达方式别出心裁,很有创意,会给对方带来感动,增进夫妻双方的感情。能够想到这些方式的人很会经营自己的爱情和家庭,他们是有心的人,对待任何事物都会用心去做,富有想象力,充满创意。

可能有时候对伴侣的爱比对父母、对其他家人的爱表达得更容易一些吧。对伴侣说"我爱你"很正常,可是对父母说"我爱你"会让很多人觉得别扭。有一些人往往善于表达对伴侣、情人的爱意,却忽略了父母也需要直接而真诚的爱。他们心中承载的是小爱,却忽视了对父母的大爱。这样的人可能是比较粗心；可能是受惯了父母的宠爱，忘记了去付出；可能面对严父，无法直接表达自己的爱……无论怎样，他们不够细心，不够勇敢，没有全力付出的意识，会影响到对工作的态度。相反，有些人，即使不能直接对母亲说一声"我爱你，妈妈"，他们也能够用很多其他的表达方式来表现自己的爱：对家人说句感谢的话，为家里做些事，在日记里写下自己爱他们的话，再把日记放在他们容易看到的地方，节日送份礼物给父母、老人，以自己的方式表达对父母长辈的爱，用自己的实际行动表达自己对家人的感激和爱。这些人抱有真诚的爱心，拥有智慧的大脑，做事情还会不成功么？

从细节窥视情人的心

有情人的行为越来越追求创意独特，越别出心裁越好！送她（他）什么好呢？时刻亲吻着情侣杯，让你随时随地亲吻她（他）；几颗花草种子，让它们与你们的爱情一起生根发芽；钻石戒指，钻石恒久远，一颗永流传。让这些来印证你们美丽的爱情故事吧！

浪漫的方式千千万万，就看你们是否善于发挥想象力，精心地设计和创造！给爱情加点浪漫吧！

从送礼物道出情人的心

你的情人是什么星座？不知道？赶紧行动吧！不同的星座对礼物有着不同的偏好，投其所好才能有最大的收获，你说呢？

1. 水瓶座的情人

聪明可爱的水瓶座，拥有又纯又真的赤子之心，他们的鬼点子又多又有趣，和他们在一起开心极了，再加上活泼开朗的性格可令人觉得他们魅力无穷。但是拥有博爱精神的他们常常会放电，吸引不少异性，不过却不会滥情或滥交，在心中对爱情有着无限的憧憬和期待。

送他的礼物：一件印有可爱图案、运动人物或数字的帽子、T恤；一只多功能的运动型手表；一双休闲运动鞋；一个多功能的手册；一条温暖的围巾。

送她的礼物：一条精美的手链或脚链；一个可爱的毛绒玩偶；一份造型

奇特的香水组合；雅致的条纹衬衫。

2. 双鱼座的情人

温柔优雅的双鱼座，那体贴和善解人意的细腻心思，令人觉得十分温馨，他们的包容力很强，又会照顾人，常常会吸引异性的注意，但是也常常会因为爱上和自己个性不同的人而受到伤害。因此，最好以友情开始，互相了解后，再谱出爱恋，才不会受到个性不和的情感痛苦。

送他的礼物：一幅印象派油画或有着优雅品位的艺术品；一顶柔软的羊毛帽；一双温暖的手套再加一条厚厚的围巾。

送她的礼物：一组精致的银制烛台和餐具；一个造型独特的相框；一件柔软的羊毛外套和小背包；可爱的毛线帽和围巾。

3. 白羊座的情人

热情又积极的白羊座，对自己的期望很高，对平凡的事务较无法忍受，喜欢新奇又具有价值感的礼物，来满足他们的好奇心。

送他的礼物：一条别致的腰带；一只特殊的钢笔；一条印花雅致的领带。

送她的礼物：一只造型特殊的珍珠别针；一瓶刚上市不久的名牌香水；一个造型及价值感十足的手提皮包；一条图案别致的丝巾；一件质感好、极具设计品位的外套或毛衣。

4. 金牛座的情人

他们无法忍受浪费挥霍的事情发生，立即就用得上和最实用的东西，一定会让他们快乐不已。

送他的礼物：一瓶综合维生素；一条图案大方的领带；一个小牛皮包。

送她的礼物：一套保养品（她平时用的品牌）；一双休闲鞋；一件大方的毛衣；一顶舒服漂亮的帽子。

5. 双子座的情人

活泼开朗的双子座，求知欲望强烈。给他们送上一组多花样、实用性混合的礼物，他们就会开心得笑不拢嘴。

送他的礼物：一组文具；一组益智游戏；一个皮夹、钢笔、皮带等礼品盒。

送她的礼物：一组小香水礼盒；一盒多口味和造型特别的巧克力；一个

化妆品礼盒。

6. 巨蟹座的情人

温柔体贴又善解人意的巨蟹座,是个爱家又恋家的甜蜜情人,送给他们一份家用饰品,那么他们会时时刻刻都思念你。

送他的礼物:两个心形的甜蜜靠垫;一盏造型别致的台灯;一套棉质的休闲服装。

送她的礼物:一条柔软舒适的地毯;一件全白色棉质浴袍;两个可爱的毛绒玩具;一套色彩典雅的指甲油。

7. 狮子座的情人

骄傲又开朗的狮子座,总是众人注目的焦点人物。爱出风头的他们,常常让人觉得有点触不可及。其实他们很脆弱,需要恋人的爱抚、支持和依靠。爱好热闹的他们,最喜欢华丽开心的礼物,来满足自己的虚荣心。

送他的礼物:彩色缤纷的气球,外加一件名牌衬衫,再加一个热情的吻;一件亮丽包装的时髦皮夹克或皮背心;金光闪闪的打火机或手链。

送她的礼物:一大串缤纷可爱的气球,外加九十九朵玫瑰花和一个大的顽皮毛绒玩具;一组可变换各种颜色表带的名牌手表;一个包装精致的皮背包;流行的长靴、背心裙、毛衣,以靓丽色彩为主。

8. 处女座的情人

完美主义的处女座,重视精神生活,对感情则倾向于柏拉图式的恋情,对自己喜欢的人充满了专情、慈爱和包容,不会对物质生活有超出能力的向往,期待一个能与自己心灵沟通和活泼可爱的人交往,对礼物则喜欢一张既浪漫又用心用情的卡片和一束花朵,精神上的满足最重要。

送他的礼物:一张别致的卡片,上面写满了你对他的爱恋和思念;一束亲手做的缎带花,或自己做的小玩偶,贴心又温柔;一副温暖的手套,暖烘烘地传达自己的爱意。

送她的礼物:一张精美的卡片,上面有着你对她的无限思念,再加一顶温暖的毛线帽;一个精巧别致的音乐首饰珠宝盒,当音乐响起时,她就会特别想念你;一束郁金香或紫色的玫瑰花,传达着你的爱意,外加一串精致的项链。

9. 天秤座的情人

聪明又理智的天秤座,他们条理分明、脚踏实地的精神,令你又爱又受不了，凡事以自己的卓越智能和直觉对任何人和事物下判断。太过于理智的他们，对恋人可是苛刻挑剔极了，尤其在外形和气质方面，若没达到他们的理想，那当他们的恋人会很累，只有默默付出的代价，当然送他们的礼物要特别重视质感和品位。

送他的礼物：一组高级进口的咖啡杯组，色彩特别，造型别致；一个造型特别的煮咖啡壶，利落的线条和质感特别重要；一件纯羊毛的外套，质地柔软，剪裁合体。

送她的礼物：一对细致的茶杯，色泽鲜明，图案精美别致；一件丝质的柔美衬衫，舒适又具有女人味；一个鹿皮的小背包，手感温暖又优雅；一件秀气的柔软毛衣。

10. 天蝎座的情人

性格反复无常的天蝎座，送他们礼物时，需要精心挑选，讲究重质不重量的原则。

送他的礼物：一双具有男性性感魅力的皮鞋；一件正式场合穿的名牌衬衫；一张巨型的古董车海报；一只古董表。

送她的礼物：一条造型精致小巧的金质手链；一件丝质衬衫；一瓶气味甜美的香水。

11. 射手座的情人

自由奔放的射手座，需要有一个成熟、安定的恋人来呵护自己。一份能"交心"的小礼物往往能起到画龙点睛的效果。

送他的礼物：一对情人对表；一对精致的钢笔，刻上你们两个人的名字；一对具有质感的袖扣或领带夹。

送她的礼物：一个刻着她名字的心形项链或戒指；两件可以一起穿的情人装；一束鲜花再加上一盒巧克力和温暖的手套。

12. 摩羯座的情人

表面安静、本分，然而内心却容易走极端的摩羯座，个性既有积极热情的一面，又有冷漠不守常规的一面，礼物当以具有象征意义的最恰当。

送他的礼物：一条中性色彩图案正式的领带；一本照相册，留下一些情话和你们的合影。

送她的礼物：一瓶气味轻柔的茉莉香型香水；一条心形的项链或手表、

戒指；一副复古的太阳眼镜。

从关心自己流露情人的心

1. 了解她

很多人都会开玩笑地说，当女性说"要"的时候其实就是"不要"，但是当她们说"不要"的时候却是"要"。这也许是句玩笑话，但多少也反映出一些现实。通常女性不习惯把自己心里的话直接说出来，就算是说出来了，也会加上一些细心的掩饰。惊人的是，她们的编码能力简直比二次大战期间德军潜艇上的密码器还要惊人，所以男性要常常跟她们玩谍对谍的游戏，想尽办法只为了要破解她们心灵的密语。其实男性多是能在网络上破解密码的高手，但能精确解读女性语言的人却是少之又少。你一定要了解女性的思考模式，才能做到成为一个情人的第一步。

2. 关心她

对于同样一件事情，女性通常会重"感受"，而男性会重"解决"。所以男性有时候必须有这样的认知，不是每件事都需要当成一个问题去"解决"。重要的是，只要你让她感受到你对她的关心和你对她的重视，很多问题自然就能迎刃而解。通常语言是表达关心最直接的办法，而这一来牵涉到你平常对她的用心程度，例如说你会记得她生日的日期，会注意她发夹的种类，会知道她吃的冰淇淋是什么样的水果口味，还有她告诉过你的话你绝不会到了明天又问她一遍。二来牵涉到说话的技巧问题，有时候同样的一件事情，用不同的话讲出来，女孩子所能感受到"被关心"的程度就完全不一样。有些人生性浪漫，就算是晚上说的梦话都能让女性心动。但大多数的男性却是"先天不良、后天失调"，连写出来的情诗都会让她觉得你很讨厌。但是其实只要稍加调教，再木讷的男性还是有他们可爱的一面。

3. 体贴她

每个人都有自己的爱好和脾气，你要先把她从头到尾给琢磨个彻底，才算你有本事。比如她爱吃巧克力，你就只买德芙巧克力，让她自己吃到腻，这才是投其所好。不像有些笨男孩明明女孩生理周期来了，他还拎着一大桶冰淇淋，想说我最爱你了，这一大桶冰淇淋全都给你，这样才表现我够温柔体贴够善解人意。这样她不会生气才有问题！所以温柔体贴都是需要量身定做，因人因时因地而异，但有一个不变的原则，就是你一定要懂她的心思。温柔体贴都是表现在一些小方面，通常越小的地方只要你肯用心，女性就能越觉察你与众不同的地方在哪里。要切记，温柔体贴要从大处着眼、小处着手，起于日常生活的嘘寒问暖，止于能够准确预测女朋友的生理周期。

4. 感动她

一般所谓的感动都带有一点惊讶的成分在里面，所以让女性感动的最高指导原则就是要出其不意，而且要有"不可预测性"。举个最简单的例子，固定在每天晚上十点的时候打电话给她，固定每年只在情人节的时候送她礼物。其实这些都构不成感动的要素，如果你是突然出现在她校门口等她，或是在平常既不是情人节也不是她生日的日子里突然送她一份小礼物，让她万万想不到你会这样做，这样才会让女性觉得感动。当然，如果同样的招式一用再用就会失去"不可预测性"。所以基本上感动的事不需要多做，但一定要做一件让她一辈子都难以忘怀的事，等你们结婚以后回想起来都还津津乐道、回味不已，至少她知道当你们谈恋爱时不单只是吃饭、看电影。

从接吻的方式表现对方的爱

接吻是相爱的人们传达他们之间无法言传的情愫的方式，是一种表现在口头上但却凝聚着强烈爱意的形体语言。

1. 接吻的几种方式

不论是悠长、舒缓的吻，还是深入、热烈的吻，都能给人们以心灵的震撼与浪漫的感觉。如果你能灵活运用以下几种接吻方式，相信你已与浪漫开始牵手了。

（1）颊之吻。在西方礼仪中，以双颊互相碰触，或是以嘴唇轻轻碰触脸颊的问候方式是相当普遍的。在电视或电影中，常常可以看到各界的知名人士特别喜欢在公共场所来个脸颊接吻。除表示礼貌外，也借此公开展示彼此尚有不错的交情。

（2）唇之吻。看过日剧《恶作剧之吻》的人，应该都不会忘记女主角琴子那种一吻定情的特殊感受。电视机前的许多女孩子或许会怀疑地说："太夸张了吧！只是嘴唇不小心碰到而已，哪可能有什么感觉呢？"其实那一刹那电光火石的触感，正是唇之吻的魅力所在。

在两片嘴唇互相摩擦时，不管所花的时间是长是短，那种无可言传的感觉，有时甚至比甜言蜜语更让人心动。

（3）舌之吻。这种接吻方式就是所谓的法式接吻。在好莱坞电影中，你就可以看到不少舌吻的范本。就像是享受顶级美食一样，用舌头缓慢而仔细地品尝对方口中的每一个部分。

善于舌吻的人就像是游戏高手，主动设下圈套，引诱对方加入你的游戏。对你来说，两人的舌战就是一场原始部落的战舞，看起来像是在挑衅，实际上则是煽风点火般的挑逗。

（4）耳之吻。有些情侣处在热恋时期，总觉得满腔的热情简直没有倾诉完的一天。每天待在一起，你只想告诉他你有多爱他。这时候耳之吻这个小动作就派上用场了。这里提到的耳之吻，并不是指你真的要对你的男友施展以牙齿来损伤他耳朵的酷刑，而是要你动口动脑双管齐下来攻占恋人的心房。当你在他耳边诉尽千言万语时，保证让他心甘情愿成为你的爱情俘虏。

（5）身之吻。"亲爱的，你的身体会说话。"这句话可是施行身体接吻的最高准则。身体语言的催情效用可是不输口头上的甜言蜜语！借着身体的相互碰触，你仿佛是在对方身上留下了专属于自己的痕迹。就像是麦当娜的歌曲《CRAZYFORYOU》中所描绘的状况，即使在视线不佳，闲杂人等众多的恶劣环境中，你和恋人仍然能够感受到对方身上散发出来的无穷魅力。

2. 请这样吻我

男性喜欢接吻时那种双方身心相对的坦诚感觉，但在接吻过程中，他们也有一些小小的"忌讳"。了解男性的接吻习惯，是密切双方关系的最佳途径。

（1）先抹去唇膏。小峰和女友感情一路飙升，几个月工夫就到了谈婚论嫁的地步，但偶尔小峰也会叹叹苦处。

嘴巴上黏腻腻的接吻，小峰说，这让人很难受，还有隔靴搔痒的感觉。所以，接吻前女性最好擦去唇上过厚的唇膏，这个动作能让你的恋人感到更好。

（2）突然的吻。在电影院里突然吻他一下，或是趁着挤汽车的间隙，趁着父母不留神时突然给他一个热吻，定会令他惊喜交加、兴奋难耐。与女朋友处于热恋状态的黄晋说："一次我们在家中请朋友吃饭，我女朋友突然喊我到厨房来，说让我帮把手。我一进厨房，她便抱住我热烈地吻了我一下，然后才递给我一碟水果让我端出去招待客人。她的吻来得太突然，简直让我措手不及，所以当时我没能做出什么反应来。可后来，我越回味越高兴，觉得我的女朋友可爱极了。"

（3）十二分专注。"我女朋友喜欢接吻的间隙跟我聊东聊西的，这让人觉得没意思极了。""我和女友接吻时，她会突然说起一件与此毫不相干的事情来，特煞风景。"不止一个男性抱怨女朋友的"一心二用"。记住，男性很看重女人对他们那种血气方刚、势不可挡的力量的认同，你稍有疏忽他便会很敏感地觉察出来，同时感到自己的尊严受到伤害，令他锐气大减。为了你能更集中精神地"对付"他，有时不妨把他想象成一个能激发你情欲的人，只是这个秘密永远也不要让他知道。

（4）逐步"升级"。与女性相比，男性更喜欢清楚一件事情起始终结的过程，这也包括接吻。所以，令人欲仙欲醉的热吻在一开始时应该是轻柔抒情的，让你的舌尖轻轻探入，稍后再进一步深入并逐步用力，逐步"升级"。这种做法会令他更享受、更兴奋无比。

（5）小小的挑逗。轻轻地吻他一下，迅速躲开，这种挑逗性行为是很能刺激男性的。不妨好好利用你的舌头搞搞这种小伎俩。宋先生说："当我妻子用这种方式时，我好像是一个被上足了发条的闹钟。"

（6）多花点心思。愈是关系非同一般的恋人，愈是应该在接吻上多用点心思，多下点功夫。一般而言，视觉效果对男人很重要。你可在与他接吻时，突然挣脱他，直视他一会儿，让他也看看你，看到你的情欲被唤醒的样子，然后，舔舔你的唇，再去吻他。

（7）给他点主动。毫无疑问，法式接吻最令人沉醉。所有"行家"对此都表示认同。不过有一点切勿忘记，虽然男人都喜欢有点挑战性，可是你也不可太过于主动，"大权"独揽，完全让他听命于你。否则，他会渐感沮丧直至厌倦的。最好的办法是，别让他觉得你是在"进攻"而以为你已经"屈服"于他。这对于你来说其实并不难。

（8）轻吟几声。这一点至关重要，男性非常需要被肯定。所以，应该让他充分了解他的亲吻使你有多快活，感觉有多好，因此，不妨轻轻地呻吟几声以鼓舞他的士气。

（9）轻舔耳朵。男人并不认为他们的性感带会在身体的其他部位，但事实并非如此。当你舔他的耳朵或是把舌头伸进他耳朵里的时候，他通常会兴奋得难以自持。如果再附在他的耳边低声地唤他的昵称，会给他带来奇妙无比的感觉。

从媚眼读懂情人的心

媚眼是女人魅力的无声语言。运用得当，能读懂一颗怀春的心，感受一份罗曼蒂克的情调。如果分寸失度，眼波"流短飞长"，就成了弄巧成拙的败笔，会让人误解你不是一个风月场上的老手就是一个水性杨花的风情女子。如何恰当地将媚眼里的春色传达给自己的情人呢？究竟怎样的媚眼才算是真正恰到好处的魅力呢？看看下面的介绍，也许会对你有所启示。

1. 调整好心态

如果你们接触不多，一旦分开便再无见面的可能性，机不可失，怎么办？

首先你应该想到这可能是一场美丽的开始。在短时间里，你应该迅速调整好自己的心态，然后让自己的目光定格在身边一些美丽的事物，例如朦胧的灯光、鲜艳的花朵、蓝蓝的天空等。

你的心情、目光都调在最佳的状态了，你就可以大方地将目光渐渐向他靠拢，然后捉牢他的目光。你要切记，一定不能临阵脱逃，只有大方的目光才能百发百中,一下穿透他的心,畏缩、小气的目光注定没戏。

当你放松、大方、温柔地迎到了他的目光时,赶快再添上一个最性感的微笑,让自投"罗网"的他隐隐觉得你为了这样的双目碰撞简直费尽了心思。此刻,最为关键的是不要轻轻触及便环顾左右,你要让这苦心经营起来的目光衔接维持5秒钟左右,趁他还迷迷糊糊的时候,你要加大"电力"穿透他的含糊目光,一直探进他的心底。在他突然反应过来时,你的暗示已经让他察觉了。同时你的一切已经十分美好地留在他的心里,但是现在还不是你撤下火线的时候,可别沾沾自喜,一定要留下将来联系的一个理由。至此,爱的开端已经完美地营建起来了!

如果你有充足的时间,那你更不能操之过急。

2.因人而异

开朗、勇敢者的眼神是一种炽热得可以熔化你的目光,不仅电力足、温度高,而且时间长久,可能会超过四五秒。对这样的目光,千万别认为别人是好色鬼。如果你的确对他有意,那么,你也像他那样吧!

小心敏感者的眼神可能给人觉得很胆怯,总会在你发觉他的目光时略低下头,然后再抬起眼皮试探性地瞅你一眼。尽管是楚楚可怜的目光,可那里面

充溢着欲言又止、柔肠百回的感慨，这时，你不妨牢牢地接住他的目光，鼓励他的目光快乐地走进你的心灵。

暗恋者的目光可能是你见过最可爱、最温馨的眼神。他望你时，表现出一种难懂的神态，眼睛一眨一眨的，既生动又羞羞答答。如果你也喜欢对方，那你何不机灵一些，既可用他的方式眨眨眼，也可加足马力将爱的跑车直接开进他的心灵，让他知道你喜欢他。

3. 选择好时机

（1）合理使用他的心情。在他特殊的日子，例如职位晋升、身体不适、情绪波动，这时你对他使用目光传情法，他接收信号一定会比平时灵敏得多。因为这时他会十分想让他人一起来分享他的感觉，如果你"特意"的目光被他接收到，他一定会用24小时去分析你的暗示。

（2）选择最佳环境。如果你们所处的环境阳光明媚、空气新鲜，在这么美妙的环境里，他也会有一个美梦酝酿，如果聪明的你把握牢了，那么这个媚眼80%是有回报的，他很可能伺机报之以美玉，还一个让你如饮醇酒的惊喜。

4. 分析对方的眼神

（1）爱的火花。这是单身的你所需要的，这目光坦诚纯净得像被山泉洗礼过一样，同时你还会觉得对方的笑容是那么自然、温暖，仿佛自己找到了一直想寻找的世界。碰上这样的目光，你十分舍不得它们离开，而想永远拥有这温情的时刻。如果你对拥有那样目光的人有好感，可别再浪费时间摆架子了！

（2）欣赏式的目光。这种目光与前者有些不好分辨，你可一定要分清，不要自作多情。

怎样一眼识别有情人，我们从有情人的行为和娱乐分析了，接着从细节方面窥视情人的心，从而进一步了解对方的心理，让自己的爱情更加幸福、温馨。

从约会的内容看恋人的性格

约会的时候，从爱好什么地点和活动，可以看出那个人的兴趣与嗜好，同时，也可以表现出他想和对方进行什么样的交往。

看电影、吃个饭，最后去酒吧小酌，是随着时间让关系渐渐变得亲密的约会方式。喜欢这种风格的人，交往是渐进式的，不希望关系突然变得很深入，虽然不讲究排场，但两个人的关系很踏实地逐渐上升，对方可能已经有结婚的打算。

喜欢杂志推荐的景点或按照杂志推荐行程约会的人,想取悦对方的念头虽然相当强烈,却不知道该怎么做比较好,可能是不得已才依靠杂志。选择这种方法、虽然有点"扣分",但也是经过思考后的选择,反而让人感受到他的诚恳与一本正经。约会时,他之所以笨拙不灵巧,是因为缺乏经验,如果是另一方居主导地位,会成为一对很好的情侣。

常在音乐会、美术展和电影院等具艺术气息的景点约会的人,会期待一种浪漫的交往。在特别的空间中度过共同的时光,希望拥有共同的兴趣和体验,除此之外,还有渴望远离日常生活、沉浸于"两人世界"的意味。可以说他们希望热烈、快速点燃恋情。不过在现实生活中,他们反而是小心翼翼的人。

喜欢登山等户外活动的人,交往则是开放而轻松快乐的,因为喜欢自然,所以对演戏似的对白或主动一点也不会心动,他们希望能毫不掩饰地直接传达自己的心意,因此他们也很适合那样的环境。

常常更换约会的场所或行程,在内容和品质上采取多样化风格的人,或许是无法把握对方的喜好或心理,反复地实验看看对方最喜欢哪种约会方式。这类人会考虑对方的心情,观察对方的表情或征求他们的意见,疯狂地希望得到对方的欢心。和这种人交往的话,他一定会好好珍惜你。

好奇心强、对各种事情都能乐在其中的人,约会模式也会发生变化。这种人喜欢主导过程,带领对方。至于他是靠得住的人,还是只顾自己方便的人,就看你自己的判断了。

PART 04
辨别小人的心理策略

小人不可不防

  伪诈的人的本质是不老实，但有些不老实的人作伪，会被一眼看穿，伪而加诈那就不易被发现了。因为这种人善于矫饰，能隐藏其本质，给人以假象，故能迷惑人，要辨其真伪就难了。也因其难辨，这种人干的罪恶勾当就难于被发现，其害就愈大。

  凡行诈作伪的都是为了个人不可告人的目的，如让这种人掌权，必谋私以害公，为此必然是结党营私，所干的也就害国害民，其权越大害越大。

  善于弄虚作假的人，巧于掩饰，为求做到天衣无缝，使人无从窥见其真面目，因而得以窃取名誉使人信任，夺得权力以行其恶。这种大奸若忠、大恶若善的人，当其罪恶行为被揭露，国家和人民都已遭受其害，要想纠正已来不及了。"所以，对于善于矫饰的人，不可不警惕！"

  南宋时，为了"精忠报国"，年轻的岳飞应募从军，参加抗金斗争。很快他就成了一名能干的军官，并组建了"岳家军"。岳飞有句名言："饿死不掳掠，冻死不拆屋。"

  不久，宋军从金兵手中收复大片失地。1140年秋，岳飞率领军队在河南大败金兵，并准备把金兵赶回东北老巢。就在他踌躇满志之时，皇帝却连发十二道金牌，召他班师回朝。他和将帅们收复国土的宏图大志也不得不半途而废。

原来这是当朝丞相秦桧捣的鬼。当时宋朝的内部分为主战与求和两派,秦桧是当朝最大的实权派,也是最富有的官僚。为了保存财产与官职,他主张尽快求和。求和的先决条件是除掉主战派代表岳飞。秦桧绞尽脑汁,终于有了办法。

他首先诬陷岳飞手下的将领张宪谋反,然后又诬陷岳飞之子岳云给张宪写过谋反信,是同谋。凭借这些诬陷的罪名,岳云与张宪就稀里糊涂地被关进了监牢。接着,他又借口质问岳飞几个问题,令他到当时的国都临安(今浙江杭州)去。岳飞一到临安,就被捕入狱。

为了找借口处死岳飞,秦桧宣布岳飞、岳云和张宪共同策划谋反。抗金名将韩世忠对此愤愤不平,他质问秦桧:岳飞抗金,何罪之有?岳飞谋反,证据何在?秦桧支支吾吾,做出了回答:"飞子云与张宪书虽不明,其事体莫须有。""莫须有"的意思,就是"大概有"。按照秦桧的授意,岳飞三人很快就被判处死刑。公元1142年春节的前一个晚上,岳飞在杭州风波亭遭到杀害,当时他只有39岁。

秦桧知道,凭正当手段是无法除掉岳飞的,他就只好加给岳飞一个"莫须有"的罪名,也就是仅仅凭猜测来给一个无辜者定罪,也就是无中生有地诬陷。由于这个颠倒黑白的故事,"莫须有"这个词一直流传至今。

像秦桧这样的小人没有道德负担,没有在基本道德意识之上产生的社会责任感,因而在小人的心目中不存在所谓的群体大局、国家大事。小人心中

的"大事"就是他的个人私利,就是他强烈欲望的满足,除此以外不会有任何别的内容。我们正常人所接受的教育是"国家和集体的利益高于一切",而小人所接受的自我教育则是"个人的利益高于一切",而且要坚决地凌驾于国家、集体利益之上,甚至将其彻底取消。这种观念上的分野使正常人和小人在面对某些事关国家、集体大局的选择时往往会做出完全不同的取舍,而这种取舍所引致的后果也是截然相反的。

怎样识别小人

生活中如何明辨小人呢?毕竟小人没有特别的样子,脸上也没写"小人"二字,而且有些小人甚至长得既帅又漂亮,有口才也有文采,还一副"大将之才"的样子。

不过,只要留心观察,用心研究,小人还是可以从行为上分辨出来的。大体言之,小人就是做人做事不守正道,以邪恶的手段来达到目的的人,他们的言行有以下特点:

1. 喜欢造谣生事、挑拨离间。说谎和造谣是小人的生存手段,他们造谣生事并不是单纯地以此为乐,而是另有目的。要么牺牲他人来为自己牟利,要么挑拨离间破坏朋友、同事间的感情,从而坐收渔翁之利。

2. 喜欢阳奉阴违。这种人表面上对你是拍马奉承,背地里却干着见不得光的勾当。明着一套,暗着又是一套的小人最要小心。

3. 喜欢攀附权贵。谁有钱有势就依附谁,一旦失势马上一脚踹开,另寻他主,这是小人的一大特点。

4. 喜欢落井下石。只要有人跌跤,他们会追上来再补一脚,在小人眼里,看别人跌跤是最快乐的事情。

5. 喜欢踩着别人的鲜血前进。要么利用别人为其开路,而不在乎别人的牺牲;要么自己有错却死不承认,硬要找个人来当挡箭牌,做替死鬼。

事实上,小人的特点并不止这些,总而言之,凡是不讲法、不讲理、不讲情、不讲义、不讲道德的人都带有小人的性格。

利益是小人所最终追求的,因此若想判别一个是否是小人,只要许以利害,便可明辨。比如,赏赐和加官晋爵是小人所追求的,为了达到这个目的,他们是不择手段的,往往会蒙蔽领导,伪装成君子的样子。既然君子之志不在于封赏,那么在君子做出业绩之后,你可以用表扬、激励他的方法,让他感受到你的信任、欣赏,这就足够了。如果过了一段时间,他没有因为你不提拔他而闹情绪,那么说明他具备了真君子的条件,到那时,你尽可以放心大胆地任用他,不用担心他会带给你小人的烦恼。

小人最擅长的是阿谀奉承,他们这样做的最终目的是为了从掌权者身上得到回报,一旦他们取得掌权者的信任或任命,就会很快地使自己的羽毛丰满起来,到那时,他们真实嘴脸就会暴露出来,说不定会对有知遇之恩的执权者反咬一口。

所以凡是诚心要干事的人,一定要留意自己身边一味顺着自己的意志说好话的人,切不可因为他说的都是自己爱听的话就重用他、提拔他,那样做无异于养虎为患。

看穿善于伪装的"君子"

有些人极善于伪装,本来是个邪恶小人,却能装出一副君子的形象。本来他在害人,却能装出一副可怜相。小人不仅有小人的逻辑,而且也熟悉君子的规矩,因此时常把两者故意搅浑而让你无法分辨。

大多数小人都是以"君子"面目出现的。伪装成君子的小人往往善于迎合,甚至适时适地地"为你谋虑",体贴你的心,而你只有细心地体会才能戳穿他伪装。

北魏宣武帝时,元禧位居群臣之首,不仅接受贿赂,耍弄权威,还对朝廷大事任意处置,不讲原则。他生性奢侈,荒淫无度,霸占无数田产,还派自己的家臣经营煮盐场和铁矿,牟取暴利。

表面上,元禧对即位的宣武帝十分听命,无论宣武帝说什么,他都极力赞成,从没有反驳的时候。宣武帝对元禧十分满意,他多次对群臣说:"为臣之道，元禧可为众臣的楷模，他不居功自傲，向无骄纵之情，绝无违逆之举，古时忠臣也比不上他啊。"

有正直的大臣暗中对宣武帝揭发说："论定忠奸，尚需深查实较。元禧顺从陛下，这只是他的假象，可背地里，他又干了多少违背忠义的事呢？他对陛下事事不谏不争，可见他为人奸猾，不负责任，这绝不是一个辅命大臣所应该做的。"

宣武帝通过观察，终于发现元禧的小人嘴脸，并开始防范他了。一次，宣武帝告诫元禧说："你处处依朕，朕若有了过失而你也不在旁提醒，陷朕于何地呢？为臣者当不计个人利害，究朕之失，你从无谏言，当真朕没有过错吗？"

元禧十分恐惧，猜忌顿起，他召集亲信家人说："皇上已对我起疑，下一步当有行动了，我该如何对付皇上呢？"

他的亲信刘小苟说："大人位高权重，而自古皇上诛杀功臣的事就从无休止，大人为了免遭大祸，还是早做准备的好。"

元禧于是恨声说："皇上不仁，我自不会任其宰割。我忍气吞声这么多

年，难道就只能为臣子？"

元禧遂反心大盛，开始和其党羽谋划造反事宜。

武兴王杨集始本为元禧党羽，他为保住富贵倒戈相向，向朝廷密报了元禧谋反的计划。宣武帝马上派兵镇压，把元禧活捉。宣武帝当面质问元禧说："你从不违逆于朕，朕也视你为忠臣，今日何故谋反呢？"

元禧挣扎说："天子之位，人人艳羡，我顺从于你，正是为了寻机取而代之。今日事败，只怪天不助我啊。"

宣武帝气恼色变，他处死了元禧等谋反之人，仍心惊肉跳，他悔恨道："朕为元禧蒙骗多年，方信大奸若忠之言。思及以往，朕真是糊涂之至了！"

人们之所以受到接近自己的人的伤害，因为就是错把小人当君子，误把敌人当朋友。在现实生活中，尽管那些居心叵测的人善于伪装，但由于其本身之意在于存心害人，所以不论他伪装得多么巧妙，总会露出马脚。可以通过他的言谈举止及处理问题的具体方式等诸方面来观察他的人品。当发现你身边的人十分虚伪、奸诈，那么你必须采取适当的防范措施。在一般情况下，只要你经常注意并通过多方面观察与你接近的人，就会发现许多你在平时所不易觉察到的东西，会很清楚地了解到你身边的人对你的真实态度，而不至于在危险即将来临时全然不知，甚至还把加害你的人作为亲密的朋友对待。

细心观察最接近你的人，看穿那些善于伪装的"君子"，你会成功地避免许多意想不到的损失，而减少不良的恶果。

以攻代守筑起防火墙

如同攀缘在高大挺拔的乔木身上的藤萝永远不会拥有乔木的伟岸潇洒和高瞻远瞩一样，小人的本质注定了他骨子里的渺小猥琐。小人虽然常常舞权弄势，但他既不是帅才，也算不上合格的管理者，他充其量只是耍弄些机巧谋求一点点眼前的利益而已，他阴暗的算计再深远也算不上有韬略有远见。

在小人的眼里，一般人特别看重的"事业"并不是什么重要的东西，只要能够带来利益、满足欲望就是好"事业"，而再辉煌、再有价值的事业倘不能带来足够的名利权势，小人也会弃之如敝屣。只要个人利益需要，小人会不惜任何代价，哪怕败坏了集体和国家的利益也在所不惜。小人的这种作为就类似于无知的孩子为了烤熟一只麻雀而烧毁了整块庄稼或整片森林，只不过孩子是出于无知，怎么说都可以原谅；而小人则恐怕不以为过，反以为荣，甚至会面对着熊熊火海把麻雀嚼得津津有味。

"小人"到处都有，他们造谣生事、挑拨离间、兴风作浪，令人讨厌，但你也没有必要抱着仇视的态度。仇视小人固然可以显示出你的正义，但这并不是保身之道。因为你仇视小人的结果就是得罪了小人，他们势必对你进行报复。也许你不怕他们的算计，也许他们也奈何不了你，但有一点要清楚，小人之所以为小人，是因为他们始终在暗处，用的始终是卑鄙下流的手段，而且不会轻易罢手。

面对小人与其奉劝声色，待清浊自现，不如积极主动，以攻代守。

汉文帝大臣袁盎正直敢言，因此得罪不少人。宦官赵谈颇得文帝宠幸，经常说坏话诋毁袁盎，袁盎深以为忧。

袁盎的侄子袁种亦在朝中为官，看到这种情形，便对叔父说："您可以找个机会当着皇上的面，以正大光明的理由侮辱赵谈，这样做虽然会加深您和赵谈间的摩擦，但从此他对皇上所说的您的坏话，皇上恐怕就不会相信了。"

袁盎接受了侄子的建议，暗中寻找适当的机会。

有一次汉文帝出巡，让赵谈同车，袁盎知道后立刻跪到车前进谏说："臣听说能与天子共乘车驾者，皆天下贤才豪杰之士。如今汉朝纵使没有人才，陛下也不能与那刀锯之余、受过腐刑的卑贱阉宦共乘一车呀！"

汉文帝觉得袁盎的措辞虽然过分，但立场倒是没错，于是笑了一笑，命令赵谈下车。赵谈心里对袁盎恨之入骨。

此后，赵谈又多次在汉文帝面前说袁盎的坏话，但汉文帝一听到这些诽谤的话，就想起那次赵谈受到羞辱的事，认为他这是泄私报复，便一笑置之。

袁盎的做法无疑是为自己建立了一道防火墙！救火员在抢救森林或草原大火时，常会在大火延烧的前方先放火把草木烧掉，当大火烧到这里时，因已无草木可烧，火就会熄灭。袁盎在文帝面前羞辱赵谈，就是在放火烧草木，为自己建立一道大火烧不过来的防火墙。赵谈的谗言不但使不上力，甚至还有可能让文帝感到厌烦，烧到自己。

尽量避开小人的纠缠

对于一般人而言，人生是异常拥挤忙碌的。为了生计，为了家庭，为了个人的一番事业，他们奔波劳碌，人生的很多风情和景致都是无暇顾及的，更不要说分出心思来跟小人纠缠、勾斗。小人的人生也同样是忙碌的，但他的脑力和体力都投注于对人的捉摸上，以至于他即便是想做点正事也是根本做不成的。

小人一旦发现当前时期内可以利用的目标，就会极尽阿谀奉承，迎合拉拢，蝶恋花一般不离左右，直至善良的人们相信了他、亲近了他甚至于将他引为知己。这样，小人和善良的人们就会有一段或长或短的情谊上的"蜜月期"，在这段时间里小人可以算得上是善良人们的亲密战友、得力助手、肝胆相照的朋友和最有力的支持者。然而，小人的本质决定了他不可能长久地和某一对象保持亲近，他冷硬的内心世界也并不渴求拥有一份真挚的友情，因此一旦小人完成了对他人的利用，或者他的真实面目被人察觉以至于妨碍了他计划的顺利实施,他们就会放弃自尊,百般纠缠。

小人撕破脸皮后的嘴脸是极其可怕的,他会死死缠住你不放,令你无法正常生活。与他们扯皮就好像陷入泥潭之中,越挣扎陷得越深。

因此,对付小人,还是不要跟他们一般见识。同时,也不要刻意揭露他们的面纱,还是保持距离为妙。

在与小人打交道时务必考虑周全,最好不要与其发生正面冲突。论实力,小人并不强大。但他们不择手段,什么下三烂的招数都可能使出来。纵使赢了小人,也会付出代价,惹得一身腥。俗话说"新鞋不踩臭狗屎",还是躲为上策。

另外,对于那些既不要脸,又不要命的小人,更要小心避让。小人固然厉害,但你并不怕他,避开小人完全是因为你根本不值得把太多的精力浪费在这些毫无意义的事上。一旦把握不好自己的行为界限,得罪小人,他就会想方设法来算计你,破坏你的正事,分散你的精力,使你不能安心于工作、学习和生活。

人都是要脸面的,当面对小人的挑衅而不理睬的时候,也需要灵活应对,所以老祖宗留下来的这句"宁得罪君子,不得罪小人",可谓是待人处世中与小人打交道的至理名言。

与小人打交道,还真得有一套行之有效的方法才行。前人总结出两个要诀:其一,惹不起躲得起,尽量不与小人发生正面冲突;其二,惹得起也要躲。

PART 05
识破谎言的心理策略

欺骗的信号

达尔文曾经说过这样一句话:"大自然一有机会就要撒谎的。"自然界的很多动物为了生存也具有很多"弄虚作假"的本领。人类,作为地球的主宰者,在弄虚作假方面,丝毫不逊色那些会"弄虚作假"的动物。相比于动物们的欺骗伎俩,人类撒谎的伎俩显得更为隐蔽,也更具有欺骗性。不过,正如一句谚语所说,"再狡猾的狐狸也会露出它的尾巴"。一个人撒谎时,他可以把谎言说得完美无缺、天衣无缝,但是,他的身体语言会悄无声息地告诉对方:"我在撒谎!"具体来说,应该如何识别一个人在撒谎呢?很简单,仅需识别对方非语言的欺骗姿势即可。那么,欺骗姿势是如何暴露一个人在撒谎的呢?

通常情况下,当一个人撒谎、欺骗别人时,他往往会不由自主地用手捂住自己的嘴、眼睛、耳朵,或是做出一些其他较为隐蔽的动作,比如用手摸鼻子、把手放进嘴里,以及挠脖子(这些姿势多见于一个人欺骗另一个人时)等。其中,用手捂住自己的嘴、眼睛、耳朵,是最常见、最明显的欺骗姿势。这些姿势是一人从儿时就开始使用的,并且经常公然不讳地采取这些姿势。

捂嘴是一种很孩子气的动作。当一个孩子撒谎之后,他常常会马上用右手捂住自己的嘴。小孩为什么在撒谎之后,会做出捂嘴的动作,至今科学界也没有给出一个令人完全信服的答案,不少心理学家认为,或许是孩子大脑中的潜意识使他想停止说谎话，而导致了捂嘴这一动作。随着年龄的增长，孩子用手捂嘴的动作会越来越隐蔽，当他们成人后，就会用手摸鼻子或是假装咳嗽来掩饰其捂嘴的动作。所以，当一个人和你谈话时，尤其是一个小孩和你谈话时，如果他在说完话后，常常有用手捂嘴的动作，你就得留意他说话的内容了，极有可能他在向你撒谎。同理，当你向别人撒谎时，如果对方用手掩住自己的嘴，则说明他可能已察觉出你在撒谎了。

当一个孩子看到他非常不愿意看到的东西时，通常会用手把眼睛捂起来。同用手捂嘴一样，这一姿势会随着孩子年龄的增大，而变得日趋精炼和隐蔽。但是当他们一旦撒谎，就会原形毕露，只不过不是用手捂眼睛，而是用手揉眼睛。一般来说，成年男性在说谎时，他们中的很多人会用揉眼睛的姿势来掩盖自己的谎言。如果他撒的谎特别大，还会东张西望，眼神也游离不定，经常看着地板。当一个成年女性说谎时，她会用手轻揉眼部的下方。她之所以不会像男性那样较为用力地揉自己的眼睛，原因有两个，其一，不想让自己显得太粗鲁；其二，不想弄花眼睛上的妆。如果她说的谎较大，其眼神也会游离不定，但与男性不同的是，她更喜欢仰起头看天花板，以避免和对方的眼神接触。

此外，用手搓耳朵也是欺骗的信号，它往往暗示听者没有察觉到说话者在撒谎。搓耳朵的另一表现形式为拉耳朵，这是小孩双手掩耳动作在成人动作中的一种重现。除此之外，搓耳的说谎者有时

还会用指尖来回钻耳孔、揉耳朵的背面，或是用手拉耳垂，再或就是将整个耳朵向前弯曲在耳孔上。所有这些，都是撒谎的信号。

大多数骗子会直视你的眼睛

我们都知道这样一个常识，当一个人向另一个人说谎时，他往往不会正视对方的眼神，而是将自己的视线移向一边。那么我们是否可以就此认定，当一个人和另一个人谈话时只要他敢于直视对方的眼睛，他就一定没有对对方撒谎呢？先暂不回答这个问题，一起来看心理学家下面这个实验。

实验中，心理学家把参加实验的人员分为甲乙两组，并让甲组的人对乙组的撒谎，同时，心理学家还要求甲组中85%的人在撒谎时一定要看着对方的眼睛。随后，心理学家把甲乙两组人员的撒谎过程进行了录像。录像完毕后，心理学家来到一家电视台做了一期"你能识别哪些人在撒谎"的谈话节目。让台下观众看完录像节目后，心理学家便开始让他们来识别哪些人在撒谎，并让他们说明各自的理由。

结果，很多观众都中了心理学家的"圈套"。在那些在撒谎时注视对方眼睛的"骗子"中，有95%的人没有被观众识破，他们认为那些"骗子"在实话实说。因为"骗子"们在说话时敢于注视对方的眼神。而在那些事先没有被心理学家叮嘱过在撒谎时要注视对方眼神的"骗子"中，有80%的人都被观众识破了。因为观众发现他们在与对方说话时眼神总是游离不定。通过这一实验，心理学家还发现，在识别谎言方面，女性的直觉比男性的更为准确一些。她们能较为准确地发现对方声音的变化、瞳孔大小的变化、眼神的变化，以及其他一些变化。而这些变化往往是说谎的征兆之一。

由此，我们也就可以回答文章开始提出的问题了，当一个人和另一个人谈话时即使敢于直视对方的眼睛，也不能保证他没有撒谎。现实生活中很多有丰富经验的骗子在行骗时，往往就会一直和对方保持眼神的交流，因为他们想如果这样做的话，对方就不会轻易怀疑他们在撒谎。事实也证明，他们那样想是对的，因为他们很多时候利用这一点成功骗取了对方的信任。这就表明，仅仅通过眼神来判定一个人是否在撒谎是远远不够的，要想较为准确地判断他是否在撒谎，除了观看他的眼神以外，还要结合他在说话时流露出来的一些其他动作才可能得出一个较为准确的判断结果。

一般来说，如果一个人（尤其是陌生人）和你对视的时间占了你们交流总时间的一半以上，你就应该注意了。因为这往往包含有这样三层意思：

1. 他可能对你有所企图，比如想从你哪儿知道某个消息或是确认某件事情，但又不好意思开口，于是采用此种方式来暗示你告诉他。

2. 他可能在向你撒谎，他之所以长时间和你进行眼神交流，就是想制造一种假象，让你觉得他说的全是实话。

3. 他对你充满敌意，很有可能会向你挑战。

脸部表情是怎样揭露事实的

通常情况下，当一个人企图掩盖自己的谎言时，他使用最多的身体语言就是伪装自己脸部表情。比如，在撒谎的时候，面带微笑地看着对方，或是用点头、皱眉、眨眼等来掩盖自己的谎言。不过，有趣的是，微笑、点头、眨眼等脸部表情很多时候不仅不能帮助撒谎者掩盖谎言，反而会向对方揭露事实。因为当一个人撒谎时，他的有声语言和面部表情并不一致。他内心的真实情感和态度会不断出现在他的脸上，而很多时候，相当一部分撒谎者对此却浑然不觉。比如，当一名推销员向某位顾客撒谎说某种产品非常好时，他想方设法压抑一切暴露他正在撒谎的身体姿势，不让它们表现出来，以免顾客发现自己在撒谎。然而，即使他控制了重大的身体姿势，可是，许多微小的脸部表情仍然表现了出来：瞳孔在扩大，面部肌肉扭曲，脸颊发红，眉毛渗出了汗珠，不断地眨眼等。毫无疑问，顾客看见推销员脸上的这些表情后，肯定不会相信他所说的话了，即使那位推销员在那说得口沫横飞。

很多时候，当一个人想要欺骗他人的时候，或是有某种想法在其大脑里一闪而过的时候，其相应的表情会在他的脸上一闪而过。很多时候，当我们在那喋喋不休时，常常认为听者将自己的整个耳朵朝前弯曲在耳孔上或是对方用手托起自己脸的时候,表示他们正在认真听我们说话。殊不知,恰恰相反,他们这些姿势是在向我们暗示,"你快停下吧,我们已经听厌烦了!"再如,当一个员工向朋友吹嘘自己和单位领导关系很好,可是,每当他提起领导名字的时候,他就会稍稍抬起自己的左脸,脸上露出一丝轻蔑的表情,有时还伴有几声冷笑。这种情况下,即使他说得天花乱坠,其朋友可能也不太会相信他和单位领导的关系很好了。

透过姿势看破谎言

7种最常见的说谎姿势

世界上的谎言可谓是千千万万、形形色色,以致让人有点目不暇接,掩饰谎言的姿势也是林林总总、不可胜数。一般来说,在日常生活中,下列7种姿势是最为常见的说谎姿势。

1. 用手捂嘴

这是一种明显未成熟,略带孩子气的动作,很多小孩尤其喜欢使用此种姿势,当然,一些成年人偶尔也会使用此种姿势。一般来说,使用此种姿势的人会在自己说完谎话后,迅速用手捂住嘴,同时用拇指顶住下巴,让大脑命令嘴不要再说谎话。有些时候,某些人在做这一姿势时,仅会用几根手指捂住嘴,或是将手握成拳头状,放在嘴上,但其蕴含的基本意义是不变的。还有一些人则会借咳嗽的动作来掩饰其捂嘴的动作,以分散别人对自己的注意力。所以,如果你和某人谈话时,发现对方老是伴有捂嘴的动作,很有可能,他在对你撒谎。如果你和别人谈话时,发现在你说话时,别人老是捂嘴,说明对方可能觉得你在对他撒谎。最令演讲者或是会议发言人感到不安或心虚的场景就是当他发言时,台下的听众几乎都捂住了嘴。出现此种情况,如果台下的听众较多,演讲者或是会议发言人最明智的做法就是赶紧结束自己的发言,因为听众已经用姿势向你表明:"你是一个骗子,我们才不会相信你说的话呢!"如果你死撑下去,肯定最终会让自己陷入进退两难的尴尬境地之中。如果台下的听众不多,演讲者或是会议发言人应该马上停下自己的发言,向听众这样问道:"有没有人要提问的?"或是"我看得出,诸位中肯定有不少人不太赞成我刚才说的一些话,让我们一起来开诚布公地讨论讨论吧。"这样,演讲者或是会议发言人就可以吸引那些心存疑问的人自由发表他们的意见、观点,演讲者或是会议发言人也就有机会来解答听众心中的疑惑、证明自己的观点了。

当然,有些时候捂嘴的动作也可能是无伤大雅的"嘘嘘嘘"动作,即把一根或两根指头竖着放在嘴上。通常情况下,经常做出此动作的人,很可能在小的时候,父母就会对他们使用此种姿势。当他们长大成人后,他们也就用这种姿势来示意自己或对方不要说出真实想法。

2. 把手放进嘴里

一般来说，一个人做出此种动作往往是下意识的，因为他可能正面临着巨大的压力。他之所以会做出这个动作，最主要的目的是想重新获得自己幼儿时期吮吸妈妈乳汁的安全感，因为在一个人的潜意识深处，吮吸妈妈乳汁是最有安全感的。所以，很多孩子在成年以前会用自己的指头或者衣领来替代妈妈的乳头，成年以后，他们则会用口香糖、烟斗等来代替。由此可见，虽然一个人把手放进自己的嘴里往往与欺骗有关，不过有些时候，把手放在嘴里的姿势是一个人内心需要安全感的外在表现。

3. 揉眼睛

当一个小孩不想看到某些人或某些事情的时候，他可能会用一只或两只手来揉自己的眼睛，成人也一样，当他们看到某些不愉快的东西时，也可能会用手揉自己的眼睛。揉眼睛这个动作是大脑不想让眼睛看到欺骗、疑惑或是其他不好的东西，或者是不想让自己在说谎时与别人发生眼神接触，以免自己因心虚而露馅。一般来说，当一个男性撒谎时，他可能会用力揉自己的眼睛。如果谎撒得较大，他会转移视线，通常是将眼睛朝下。当一个女性撒谎时，他不会像男性那样用力揉自己的眼睛，相反，她仅会轻柔几下眼部下方，同时将头上仰，以免和对方发生眼神接触。

4. 拽耳朵

想象一下你告诉别人："这只需要花你500块钱。"而对方听了却拽着自己的耳朵，望着别处说道："听起来很划算嘛！"这种情况下，如果你真以为对方很满意你所说的价格，那你就大错特错了。因为对方拽耳朵的姿势已经告诉了你他心底真实的想法——"你要的价格太高了，我可不会接受！"其实，把手放在耳边或是耳朵上，或者拉着耳垂，从而阻止对方的话进入自己的耳朵，这实际上是小孩子被父母训斥时用双手捂住耳朵这一动作的成人版。拽耳朵动作的其他变体还包括：用手摩擦耳背，用手指掏耳朵，把整只耳朵往前折叠，来遮住耳孔。其中，把整只耳朵往前折叠，来遮住耳孔这一姿势，还可以用来表示听者已经对对方的喋喋不休感到厌烦了，或是自己也想来发发言。

5. 触摸鼻子

触摸鼻子是用手捂嘴这一姿势的"变异"，相比于用手捂嘴，它更具隐匿性。有些时候，它可能是在鼻子下面轻轻地抚摸几下，也可能是很快，几乎不易察觉地触摸鼻子一下。一般来说，女性在完成这一姿势时，其动作幅度要比男性轻柔、谨慎得多，这可能是为了避免弄花她们的妆容吧。关于触摸鼻子的起源，有这样两种较为流行的说法，其一，当负面或不好的思想进入人的大脑后，大脑就会下意识地指示手赶紧去遮住嘴，但是，在最后一刻，又怕这一动作太过于明显，因此手迅速离开脸部，去轻轻触摸一下鼻子。其二，心理学家研究发现，当一个人说谎的时候，其身体会释放出一种叫作"儿茶酚胺"的化学物质，这种物质会使说谎者鼻子的内部组织发生膨胀。与此同时，一个人撒谎的时候，其心理压力会陡然增大，血压也会迅速升高，这样鼻子就会随着血压的上升而增大，这就是所谓的"皮诺曹的大鼻子效应"。血压的上升使得鼻子开始膨胀，鼻子的神经末梢就会感到轻微的刺痛。不由自主地，说谎者就会用手快速地触摸鼻子，为鼻子"止痒"。此外，当一个人感到紧张、焦虑，或是生气的时候，这种情况也会发生。

看到这里，可能有读者朋友会问，现实生活中的确存在鼻子真正发痒的情况啊，那该如何去区别两者呢？很简单，当一个人鼻子真正发痒时，他通常会用手揉鼻子或是用手挠来止痒，这和说谎是用手轻轻、快速地触摸一下鼻子是不同的。同用手捂嘴的姿势一样，说话的人可以用触摸鼻子来掩饰他的谎言，听话者也可以用触摸鼻子来表示对说话者的怀疑。

6. 抓挠脖子

有些时候，一些人在撒谎时会用食指来挠耳垂以下的脖子部位。如果仔细观察一下，你就会发现撒谎者通常会挠5次左右，很少会出现少于4次或多于8次的情况。一般来说，挠脖子这一姿势代表不安、疑惑，或是"我也不确定我会同意"，"应该不会那样吧"等意思。如果一个人说的话与这一动作相矛盾的话，就会表现得非常明显。比如，一个人说，"我比较同意你的看法"，与此同时，他又用手挠着自己的脖子，这就表明他心里其实并不是真正同意你的看法。

7. 拉衣领

身体语言学家通过实验发现了这样一个有趣的现象：当一个人撒谎时，会导致面部和颈部的一些敏感组织产生轻微的刺痛感。为了缓解或消除这种刺痛感，撒谎者往往会用手去挠或搓那些产生刺痛的部位。这就不仅说明了为什么人们在感到不确定的时候会用手挠脖子，也很好地解释了为什么一个人在说谎并怀疑自己的谎言已经露馅时，会不由自主拉自己的衣领。

需要注意的是，上述7种姿势虽然是一个人说谎时最可能用到的姿势，但这绝不意味着只要一个人做出了上述7种姿势的一种，我们就可以立即断定他一定在撒谎。比如，某人说话时，之所以会捂住自己的嘴，是因为他有口臭，如果我们据此就认为他在撒谎，肯定会伤害到对方的。所以，要想判断一个人是否在撒谎，除了看他有没有上述7种常见姿势以外，还应结合其他的姿势动作和一些特殊情况，只有这样，才可能得出一个较为正确的判断结果。

在作估量时的姿势

当人们估量他人的时候，通常会做出这样的姿势：把握着的手放在下巴或是脸颊边上，同时，食指指向上方，眼睛看着对方。当人们开始对所看或所听的对象逐渐失去兴趣时，但出于礼貌或是其他目的，又不得不表现出很感兴趣的样子时，他们就会对自己的这一姿势（估量性姿势）进行调整，即用手掌的圆形位置托着自己的头。这在现实生活中十分常见，比如，当公司总经理在台上发表冗长、无聊，没有任何实际意义演说的时候，坐在台下的下属常常就会使用此种姿势来装出一副十分感兴趣的样子。

不过，令人遗憾的是，下属们这个自以为高明的瞒天过海之计常常骗不了总经理的眼睛，因为他们仅仅用一只手来支撑自己的脑袋，这当然会露馅。

看见下属们的这个动作后,总经理就知道自己的演讲并没有受到下属们的欢迎,下属们做出的那些看似很感兴趣的姿势,不过是在恭维自己罢了。一般来说,如果一个人对他所看到的或是所听到的东西很感兴趣,他会把手放在脸颊边上,而不是用手来撑住自己的脑袋。

通常情况下,当听众的食指垂直地向上指,眼睛视线向下斜,同时用大拇指支撑下巴的时候,这就说明他对正在发言的人或是对他所说的话感到疑惑不解或是强烈不满。有些时候,如果人们的这种负面情绪一直持续下去,他们可能还出做出这样一些动作——拽眼皮、搓揉眼睛,或者是把头转向一边等。不可否认,这些动作姿势有时很容易被误认为是感兴趣的象征,但是撑着下巴的大拇指却透露了疑惑、否定、批判等真实态度。很多时候,一个人做出的姿势动作会在很大程度上影响他的态度。所以,一个人做出的疑惑、否定、批判等姿势的时间越长,其最后做出疑惑、否定、批判等决定的可能性就越大。因而,一旦看见自己的听众做出了疑惑、否定、批判等姿势的时候,演讲或发言者应该立即采取相关措施,"解除"他们这些姿势。其中最有效,也是最简单的一个办法就是把一些东西分发给听众,从而改变他们的姿势,最终达到改变

他们态度的目的。如果这一方法不奏效的话，演讲或发言者最明智的做法就是赶紧结束自己的发言了。

抚摸下巴的姿势

当你向一群人或朋友发表自己的意见时，如果你留心观察一下他们，可能会发现这样一个有趣现象：在你发言的过程中，他们中的很多人会把手放在脸颊上，摆出一副估量的姿势。当你的发言接近尾声，你让他们对你刚才的发言发表一些意见或是看法时，有趣的现象便开始出现了，他们会迅速结束自己原先的估量姿势，将手移到下巴处，并轻轻地抚摸下巴。这种抚摸下巴的姿势就表明他们在对你刚才所讲的话进行思考、分析、判断了。

当你要求听众做出决定时，他们便会把轻轻地抚摸下巴这一表示思考、分析、判断的姿势变为做出决定的姿势了。其接下来的姿势就会表明他们的决定是积极的还是消极的。这种情况下，你大可不必匆忙要求他们迅速给出答案，你的最佳策略就是冷静地观察他们的下一个动作。

如果他们在抚摸下巴之后，将自己的手臂和腿交叉起来，并将身体后仰在椅子上，这种情况下，他们的最终决定可能是否定的。一旦出现此种情况，你大可不必惊慌，因为事情还没有到完全无法挽回的地步。此时你应迅速征求一下他们的意见，请他们说出心中的疑惑、不满，然后对其进行一一解答。这样一来，那些原来心存疑惑、不满情绪的听众很可能会改变他们的决定了。

如果他们在轻轻抚摸自己的下巴后，身体后靠，同时手臂张开，这就表明他们的决定很可能是肯定的。一旦出现此种情况，你就可以接着在台上尽情地"纵横驰骋"了。

需要注意的是，当一个人陷入深深思考之中时，往往也会做出抚摸下巴的姿势。另外，根据《辞海》的注释，"抚摸下巴"是形容得意容貌的姿势。因此，"抚摸下巴"这一姿势，根据具体情况的不同，其表示的意义也是大相径庭的。比如，从身体学的角度上来说，"抚摸下巴"这一姿势主要偏向于自我亲密性的意义，也即当一个人失去自信，感到不安、恐惧、焦虑、孤独，或是处于进退两难的尴尬情景之中时，借触摸自己的身体，以掩饰自己的上述心态，进而起到安慰自己的目的。再如，当一个人听见对方不停地恭维自己后，他不由自由地伸手去抚摸自己的下巴，这就表明他现在正处于洋洋自得的情绪状态之中。

PART 06 从原色彩的喜好洞察人心

加法三原色（RGB）与减法三原色（CMY）

三原色，又称为基色，即用以调配其他色彩的基本色。原色的色纯度最高，最纯净、最鲜艳。可以调配出绝大多数色彩，而其他颜色不能调配出三原色。此外，光谱中的每一种色光，都可以找出另一种按一定比例与它混合得到白色的色光，这一对色光称为补色，如红——青、黄——蓝、绿——紫。

通常，三原色分为两类，一类是加法三原色（RGB），另一类是减法三原色（CMY）。

1. 加法三原色（RGB）

人的眼睛是根据所看见的光的波长来识别颜色的。颜色越混合越亮的混色法叫作加法混色，即色光混合的能量等于各色光能量值相加，明度也是增加的。加法三原色为红色、绿色和蓝色。加法混色取红（RED）、绿（GREEN）、蓝（BLUE）三色英语单词的首字母可以缩写为RGB。加法混色原理被广泛应用于电视机、监视器等主动发光的产品中。

加法混色有三个定律：（1）补色律，每一种色光都有一种同它混合、彼此相抵消或中和后产生白色，如红——青、蓝——黄、绿——紫。（2）中间色律，混合每两种非补色时产生一种新的混合色或两者之间的中间色，其饱和度一般是较低的。（3）代替律，即同色异谱，颜色A=颜色B、颜色C=颜色D，A+C=B+D，这也是现代色度学的基础，以上的规律只适合色光的混合，例如彩色电视的颜色是由红绿蓝三个电子枪发射的色光混合而成的，是一种加法混色。

2. 减法三原色（CMY）

颜色越混合越暗的混色法叫作减法混色。减法三原色为蓝绿色、紫红色和黄色。减法混色取青(CYAN)、品红(MAGENTA)和黄(YELLOW)三色英文单词的首字母可以缩写为CMY。涂料、染料、彩色印刷、彩色摄影等是一种减法混色，它得到的结果和色光加法混合的是不一样的，如黄光和蓝光按一定比例投射到屏幕上，可以得到白色，而混合黄油漆和蓝油漆得到的是绿色，永远不会得到白色，这是由于颜料吸收了一定波长的光线后所剩余光线的色调。如青色颜料——吸收了入射白光中的红光——反射出绿光、蓝光产生青色，黄色颜料——吸收了入射白光中的蓝光——反射出红光、绿光产生黄色。

此外，在印刷领域中，还要在减法三原色的基础上加上黑色(K)，也就是大家所熟识的CMYK。在印刷领域，由于墨或者纸张的问题，很难制做出漂亮的黑色。而且，混色形成黑色的成本也比较大，所以要从其他途径获得黑色。

原色彩的含义和象征性

色彩的象征性，是指色彩对人的心理作用。人们对色彩由经验感觉到主观联想，再上升到理智的判断，既有普遍性，也有特殊性；既有共性，也有个性；既有必然性，也有偶然性。因此，我们在进行选择色彩作为某种象征和含义时，应该具体情况具体分析，决不能随心所欲，但这也不妨碍对不同色彩做一般的概括。

下面，我们就一起来看看各原色彩的具体含义与象征。

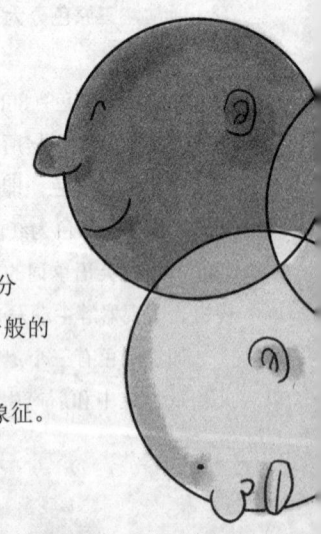

1. 红色

红色是所有色彩中对视觉感觉最强烈和最有生气的色彩，它有强烈地促使人们注意和似乎凌驾于一切色彩之上的力量。它炽烈似火，壮丽似日，热情奔放如血，是生命崇高的象征。

红色是血的色彩，多用来表现血腥和暴力。红色也具有兴奋好斗的性质，在战争中是武装占领的信号，是革命的标志，多用于主角人物、英雄模范、先进分子等。红色又是烦躁不安、愤怒和危机的色彩，如人发怒首先是脸红、脖子粗。此外，红色还是喜庆的色彩，办喜事几乎都离不开红色。

2. 黄色

黄色在色相环上是明度级最高的色彩，具有光明、希望的含义，给人以辉煌、灿烂、柔和、崇高、神秘、威严超然的感觉。

同时，黄色也象征下流、猜疑、野心、险恶，是色情的代名词。浅黄色使人感到和平温柔，金黄色象征高贵庄严。我国古代，黄色在东、西、南、北、中方位中代表中央，是封建皇帝的专用色。皇宫殿宇、寺庙佛地大量用金黄色装潢，象征权威与尊严。在古代罗马，黄色也被当作高贵的颜色，象征光明和未来。基督教徒视黄色为出卖耶稣的叛徒犹大的服色，因此，黄色也是罪恶、背叛、狡诈的象征。

3. 蓝色

蓝色和红色是对立的色彩，在外貌上蓝色是透明的和潮湿的，红色是不透明的和干燥的；从心理上蓝色是冷的、安静的，红色是暖的、兴奋的；在性格上，蓝色是清高的、廉洁的，红色是粗犷的；对人机体作用，蓝色减低血压，红色增高血压，蓝色象征安静、清新、舒适和沉思。不过，当蓝色饱和度降低，变成暗蓝色时，便具有阴森恐惧的味道，也是迷信、痛苦、不幸的悲剧色彩。

4. 绿色

绿色是大自然中植物生长、生机盎然、清新宁静的生命力量和自然力量的象征。从心理上，绿色令人平静、松弛而得到休息。人眼晶体把绿色波长恰好集中在视网膜上，因此它是最能使眼睛休息的色彩。

5. 青色

青色由蓝色和绿色构成，而红色是缺少的一种颜色，因此它和红色构成了互补色。青色也是天空的色彩，具有广阔、深远、沉静之感。青色象征着诚实、磊落、清高和廉洁。青色也象征着永恒，在文学中用"名垂青史"赞美古代英雄和伟人。

喜欢红色的人：热情、外向

红色是非常受欢迎的一种颜色，而且在这点上没有男女之分。喜欢红色的人性格几乎都是外向型，通常活泼好动，激情四溢，精力充沛。与此同时，这类人也大多鲁莽、热情，而且极富正义感。

从某种程度上讲，喜欢红色的人，如果有聪明的领导的话，他们会是很好的执行者，行动力强。他们只想怎么样按要求完成任务，从来不会计较代价是什么。不过，他们也很容易会扯出一些题外话。他们通常不会花足够的时间去关注某一件事，但当他们专注的时候，就对自己的决定很坚定。他们能够很快地给出一个问题的答案，认为自己什么都懂。如果他们不懂，或者你已经证明了他们不懂，他们就会寻根问底，直至彻底弄明白为止。

喜欢红色的人多是情绪型的人，他们可能在你面前突然像活火山一样时不时地爆发一次，然后又很快就恢复平静。不过，这类人只要多使用淡一点的红色或让人冷静的红色，便可以弥补性格中的缺点。

也有些人，虽然心里喜欢红色，但却不太敢穿红色的衣服或戴红色的饰物。这部分人对红色的热情还没有达到极其强烈的程度，但算是喜欢红色的预备军。他们往往比较理性，但又渴望具有行动力，所以才会喜欢上红色。这类人一旦感受到红色的魅力，就会一发而不可收。

此外，一个人如果喜欢砖红色（红褐色），表示他可能对毒品、酒精成瘾，饮食不正常，或者情绪不稳定；如果喜欢红色中带有蓝色折光，多表示他是情绪激昂，很有活力的人；如果喜欢橘红色，多表示他不仅精力充沛，而且很喜欢户外活动及一些群体活动；如果喜欢品红色，多表示他性情比较温柔、朴实、坦率、平和。

喜欢黄色的人：理性、积极

喜欢黄色的人很理性、上进心强、好奇心强、爱好钻研，很有科学性、分析性、判断性、独立性、专业性。总体来说，这类人绝对是个挑战者。

喜欢黄色的人普遍喜爱权力和控制他人。他们会是好的领导，一般能够很有条理地做出决定。在行动之前会认真地分析每一个细节，每个战略游戏都能引起他们的兴趣。同时，他们也很有生意头脑，善于投资和赚钱。他们有着独树一帜的想法，具备走向成功的能力和推动力。他们多是理想主义者，擅长制定各种计划，并一步步实现。

正如孩子们往往很喜欢黄色，喜欢黄色的人大都有依赖他人的倾向，甚至有些人非常缺乏自立心。在心理上，他们比较孩子气、纯洁、天真，喜欢自由自在，害怕受到束缚。当他们有压力的时候，他们感觉有必要把自己的情绪隐藏起来，并且会朝着这个方向努力。如果他们在你面前表现出他们在承受着压力，那代表他们真的很虚弱了。因为，他们是那种会尽量在你面前展现自己甜蜜一面的人。

不过，虽然同是喜欢黄色，但喜欢像奶油色那样淡黄色的人，性格却很稳定，平衡局面的能力也很强；而喜欢深黄色的人，个性就会倾向于有些自负、刚愎自用，他们会认为只有自己才能做出正确的决定，使得别人很容易怀疑他们做事的动机是什么。

需要注意的是，即使喜欢黄色，如果过度使用，很容易引起自身焦虑或招致别人的讨厌。所以，最好使用黄色做点缀或与其他颜色搭配使用。当然了，黄色在短时间内可以提高人的注意力，只是太多了会适得其反。

喜欢蓝色的人：严谨、感性

蓝色代表着一种平静、稳定，能给人一种和谐、宽松的感觉。喜欢蓝色的人性格多内向，有很强的团队协调能力，讲究礼貌，为人谦虚、和蔼。

他们绝不是头脑冲动的人，在行动前都会制定一个周密的计划。他们还是个谨慎派，会严格遵守各种规则。他们偶尔会固执己见，但基本不会持续太久。

由于蓝色是一种情感化的颜色，喜欢蓝色的人一般比较容易伤感。当然，这类人也很容易满足，能够保持平衡、调和，经常保持沉着、安定，安全感比较强烈。他们喜欢和平、不好斗，总是尽量使自己不与周围的人产生摩擦，和谐是他们一切行动的指导。然而，这种性格有时会让他们显得有些懦弱。总体来讲，他们比较信赖别人，同时亦希望自己能得到别人的信赖，所以处事还是比较圆滑的。

此外，喜欢不同种类蓝色的人，在性格上也有微妙的差异。例如，喜欢深蓝色的人，一般比较理性，意志沉稳而坚定，喜欢凌驾于他人之上；喜欢浅蓝色的人，多心情开朗，充满自信心，为人随和。

喜欢绿色的人：和平、朝气

绿色代表着活力、生长、青春，与复苏、变化、天真、平衡等有关，给人以希望。喜欢绿色的人，意志坚定，不易动摇或改变，偏重于理性，自视很高。他们拥有截然不同的两种特质，既有很强的行动力，又具备沉静思考的能力。他们兼具优雅与知性,喜好寂静又谨慎保守,行事不会逾越本分,非常明白自己的立场。

喜欢绿色的人社会意识比较强,态度认真。他们能够礼貌待人,普遍个性率直,基本不会掩饰内心的想法。他们会把自己的信念表达出来,并为了信念而努力。他们好奇心强,但不会积极采取行动,大多时候都要等同伴的召唤再一起行动。他们对事情大多比较敏感,会深入思考,把问题分析得很透彻。他们无论面对任何事都能冷静处理,处事稳妥且坚强,决不感情用事,所以深受别人信赖。在人际关系方面,他们是和平主义者,和周围的人可以和睦共处,但是警惕性非常高。他们乐意去帮助每一个人,对于别人的请求,总是欣然接受。热爱和平是他们固化的责任,他们希望每个人都能过上和谐的生活。

由于绿色也分很多种,喜欢不同绿色的人在性格方面也会有所差别。例如,喜欢黄绿、苹果绿等绿中带黄的人,为人友好,处事圆滑,行动力强,但性情温顺,与喜欢普通绿色的人相比更善于社交;喜欢深绿色的人多沉着、冷静、干练且性格温厚。

此外,喜欢绿色的人普遍不太喜欢运动,而酷爱美食,所以大多偏胖。

第四篇

催眠术
——一种神奇的心理操纵术

PART 01 原来这才是催眠

催眠的作用机制及其本质一直困扰着科学家们。直到今天,虽然我们对人类大脑和心灵的知识已经突飞猛进,可是关于催眠确切性质的争论仍在进行。有一点已经明了,那就是催眠现象是真实可测的,科学家们已经对恍惚诱导、暗示力量以及持久效果进行了研究。归根结底,催眠的性质与不同心理状态——意识和潜意识息息相关。

什么是催眠术

现代科学日新月异,取得了无数惊人突破,但是人类大脑精密复杂的运作机制仍然是个没有完全解开的谜。这样说来,学术界仍然对催眠性质及其作用机制众说纷纭便不足为奇了。这并不代表催眠是虚假的。实际上,科学家们在近来的实验中已经证明,人们的大脑被催眠后确实会发生变化。而且,很多医学专家也已经认可了催眠在治疗某些病症、缓解疼痛方面卓有成效。然而,还是没有一个普遍接受的理论可以确切解释催眠的性质以及运作原理,现存的大量科学观点各有不同,有时还互相冲突。

什么是催眠

如果你去问100个催眠师,催眠的准确定义是什么,那么你可能会得到多于100种的答案。事实上对于催眠的定义来说,并没有一个统一的答案。通常人们对催眠到底是什么,不是什么是没有一个统一的定论的。大部分定义还是用来描述催眠是如何被导入的,而不是具体去解释什么是催眠。

出于指导意义,一个简短而广泛的催眠的综合定义得到了大多数人的认可。它涵盖了催眠的所有要点:催眠是一种注意范围被集中缩小的状态,在该状态下,建议性和暗示性可以被极大地提高。

人们可以通过很多办法进入催眠状态,从而让外界的建议、信息瞬时或持久的进入深层大脑。但是催眠并不能直接改变人,只是它能让人保持长久稳定的、最有利于进行改变的状态。

治疗学所使用的催眠状态纯粹是为了帮助催眠师们达到治疗的目的,在该状态下,很多积极的想法、设想、价值观念等会被高效率的吸收并且导入人大脑深处,留下印象,从而给人带来可喜的转变。对比之下,舞台催眠师所提出的催眠建议或指令只在舞台表演过程中发挥作用,而临床医学催眠师所发出的建议或指令会在催眠开始后保持长久的效用。

事实上,医疗方面的建议只是推荐给被催眠者的两种建议中的一种。有些建议或提示是用来立刻改变被催眠者的信念、态度或行为的。而另一些建议和指令是用来引导被催眠者的一种滞后反应的,这种反应只有在催眠后的一段时间才表现出来。所以,后者被称为催眠后指令,这两种建议形式都是有效的,而且在催眠过程中均被广泛地应用。

什么样的人才能被有效催眠

很多打算尝试催眠的人,向催眠师提出的最常见的问题就是"我能被催眠吗",回答往往是"是的"。一个人要是非要硬着头皮说自己有足够的抑制力来抵抗催眠,那将是非常荒唐可笑的事情。

其实,催眠就好比一种力量——一种属于大脑的力量。催眠是你曾经多次进入的一种精神状态,或操作过程。虽然有时你可能意识不到。举个例子,当你在看电视或阅读小说的时候,就有可能已经进入催眠状态了。

催眠理疗师把它称作"催眠行为"。催眠行为与催眠治疗的不同在于,后者的目的是让被催眠者进入一种指定的状态,并利用这种精神力量在实践中获益。比如说,电视节目制作人会通过广告来引导你进入催眠行为,从而去购买他们推销的产品;一个政治领袖会在演讲中,利用自己关于精神领域的知识去感染那些听众。

对每个人来说,催眠既是一种技巧也是一

种天赋。

技巧是需要你去学习和练习的东西，天赋则是你本身所具备的能力。几乎每个人都具备一定程度的催眠方面的天赋。所以，可以肯定地说"你是可以被催眠的"。

为了便于理解，我们把关于催眠的技术和天赋比做一个人的音乐天赋。很多人都有使用乐器的天赋（哪怕它是潜在的）。经过多次尝试、接触和练习，这些人会变得非常熟练，甚至会变成杰出的音乐家。还有一些在音乐方面极有天赋的人，只需要极少的练习或培训，就可能以出色的表现来震惊听众。然而，有些人先天听力失聪，也就没有音乐天赋了，对他们来说，再多的练习也不可能帮助他们在音乐方面成功。

对于催眠而言，大多数人都一样，都存在着一定的可能被催眠的潜质。至于你能够在催眠方面变得多么熟练，很大程度上取决于你有多大的兴趣以及你的练习程度。也许你会具备这方面的天赋，可以选择简便，迅速地进入深度催眠。如果你想去参加舞台催眠表演，那么催眠师一定会注意到你，而你也很可能成为这方面的明星。你可能以惊人的效率来催眠自己，而不用像别人那样，需要经过大量的练习才能做到。还有极个别的人，天生就没有一点被催眠的天赋，因而也就不可能被催眠，不管他们怎么去尝试。这种催眠缺陷产生的原因可能是由于精神或智力方面的失调导致的，也可能是一些大脑内部组织受损导致的。幸亏这只是个别现象。

如果天生就具备催眠的潜质，那么你可以充分地利用这种潜质，不断地完善这种技巧，尽快地进入催眠。那么你肯定会问："有多快啊？"答案有两种：一种是你可能进入极度深层的催眠状态，另一种是你只进入了初步的催眠状态，但是必须牢记以下信息："初步的，中间状态的催眠，对于你想要达到的最终自我完善的目的，都是不可或缺的过程。"

这句话的意思是说，只要你不是那种对催眠没有任何反应的人，你就可以通过不断的努力，达到催眠，实现自己的目标。至于你能够达到哪种程度的催眠，很大程度上取决于你的决心和练习。最乐观的情况就是，在你第一次尝试催眠的时候，就能成功，这样在以后的催眠过程中，你会越做越好,越做越快。

就像密斯莫理论刚刚提出来时,极度昏迷性催眠让很多人感到困惑,恐慌。为了避免类似的现象发生,这里先阐明一下什么是"极度昏迷",其实有好多种极度昏迷的催眠状态,其中之一被催眠理疗师称为"梦游"。这也是媒体最感兴趣的一种,以至于把"梦游"当成催眠的主要象征。在现实生活中,有很多人容易进入这种深层的催眠状态。在催眠医学中,我们把这些人称为"梦游者",因为他们很容易进入梦游状态。

梦游者在深层催眠状态下可以做出很多在初级催眠状态不可能发生的事情。他们几乎可以接受任何非威胁性的建议、指令。他们可以返回到任何年龄段。可以想起以前发生的任何事情,可以激活自己的记忆,可以自动地控制身体。他们甚至还可以接受一些特殊的非正常的催眠后指令,并且对催眠时周围发生的事情毫无知觉。这些人相当富有传奇色彩。那种愉快的体验是催眠爱好者的梦想。但是它太少见了,估计全球只有不到20%的人具备"梦游"的能力。

那些舞台催眠师往往希望人们相信,他们是可以让任何上台参与表演的人进入一种"梦游"的催眠状态的,而事实上,这是不太可能的,除非前去观看表演的观众足够多,而且正好其中有一两个人是那种能够"梦游"的人。就算这样,也需要催眠师费好大力气正好把他们挑出来。但这种情况很荒唐可笑,因为任何一个中等水平的催眠师都可以不费吹灰之力将这种具备"梦游"能力的人带入深度催眠状态。而这些人对那些催眠指令非常敏感而且容易接受。也就是说他们表面上是被催眠师催眠了,而事实上,还是由于他们自身具备这种潜能,尽管他们以为这一切都是催眠师的表演所造成的。

到目前为止,很多人还是固执地认为,只有"梦游"才是真正的催眠,这种想法,就好像认为只有像铅锤一样潜入到水平面以下2万米的深度才叫作真正的潜水一样。催眠是一个相对性的概念。很多人因为忽视了这一点而对催眠产生了某些误解。

PART 02
你最想知道的催眠问题

探索前世是为了今生的生活能更好,所以重点不在于你前世是谁,而在于经过催眠后,你是否变得更好。

约有95%的人都有相当程度的催眠敏感度,其中5%的人非常容易被催眠;另外5%的人则很难被催眠。

大多数时候,被催眠者是处于意识清醒的状态的,他们有能力保护自己,遇到不合理的指令,是有能力拒绝,随时睁开眼睛的。

相比于千奇百怪的减肥方式,通过催眠来减肥,绝对是最经济,也是没有副作用,甚至还能带来惊喜。

那些催眠表演是真的吗

对我们很多人来说,与催眠的唯一接触来自于演艺者,他们本身就是很有天分的催眠师,他们的表演是一个精彩纷呈、引人入胜的舞台催眠世界。的确,在催眠史中正是过去美国和欧洲的舞台催眠使这项技术存活下来,但是,舞台表演也会出差错并导致问题产生。一些催眠治疗师认为,虽然他们舞台催眠的同行中有很多人颇有造诣,但却给催眠学带来了不好的名声。

很多人对催眠的认识完全来自于娱乐业,即舞台催眠。在18世纪梅斯默时代，催眠表演师就已存在，且享有很高的声望。当代的舞台催眠师有的带着舞台作品四处巡游或出现在集市中，有的还在电视中频频亮相。他们的表演具有很强的娱乐性，在美国和其他一些地方的顶尖催眠表演师收入也颇为丰厚。

娱乐性

舞台催眠与其他的催眠研究和催眠治疗到底有什么不同？本质上它们没有太大差别，舞台催眠师也是先诱导观众进入催眠恍惚状态、绕过意识头脑而对无意识心理施加暗示作用的。

最主要的区别当然在于，出现在舞台或电视上的催眠节目纯粹以娱乐为目的，而非治疗，所以舞台催眠师给观众施加的暗示往往和临床催眠师所用的暗示大不相同。参与舞台表演的志愿者可能会被要求学鸭子蹒跚或嘎嘎叫、学鸟儿拍"翅膀"、跳芭蕾舞、遭遇外星人，或拍想象中的苍蝇。志愿者可能认为自己刚赢得美国大师杯高尔夫球赛、刚爬了一座山，或刚报废掉自己未买保险的凯迪拉克轿车。在催眠治疗中，这些被舞台催眠师所用的不胜枚举的各种暗示都很少被用到。

另一个重要的区别是催眠导入的速度和催眠深度。在催眠治疗时，催眠师往往需要用较长的时间为病人进入催眠导入。比起其他人来说，有些个体可能更不容易接受催眠，因此催眠医师需要为具体的客户选择最合适的催眠导入方式。此外，催眠医师相当多的治疗工作常常是在相对轻度的催眠中进行的。

相反的是，舞台催眠师必须快速地进行催眠导入，时间过长、催眠导入过慢会让观众觉得枯燥乏味。同样，舞台表演者为了达到让催眠对象遗忘的效果，通常会让其进入深度的催眠状态，所以只能选择那些催眠接受性好的观众参与节目。

这也是为什么舞台催眠师从准备活动一开始就必须对观众进行仔细观察和检验的原因。他们要看哪位观众对催眠的接受度最高，并做些暗示性试验看哪位做出的反应最好。这些试验包括让观众闭上眼睛，想象有一只胳膊上系着氢气球。催眠师还会暗示他们自己的胳膊正变得越来越轻，并在不受意识控制下开始上浮，如果某位观众的胳膊在测试中有移动，他就有可能是催眠的合适人选。

表演者也会看谁愿意主动成为催眠的对象、参与舞台活动。比起那些对催眠抱有怀疑态度或根本无动于衷的人来说，这些积极性强的观众更加适合做舞台催眠的对象。

需要选择最合适的观众是舞台催眠师为什么往往在表演时选择人数大大超过表演实际需要的自愿者的原因,这样他可以在台上淘汰那些实际不容易进行深度催眠的观众。由于舞台催眠师在选择合适的催眠对象方面都受过很好的训练,催眠失败这样的意外通常不会发生。

舞台催眠师

尽管用途和目的截然不同,优秀的舞台催眠师在催眠诱导和暗示技巧方面,绝不比催眠医师逊色。在舞台催眠早期,的确有冒牌的舞台催眠师哄骗观众相信他们有催眠的本领,而参加表演的"志愿者"都是催眠师的同伙。在当代,这种事情是不会再发生的,具有真才实学的催眠师在不断地涌现。技巧十分娴熟的催眠师能在很短的时间内让个体进入深度催眠,并快捷有效地对其施加暗示。此外,有很多舞台催眠师曾经做过催眠医师,有的后来转变成了催眠医师,还有的同时担任这两个角色,因此,舞台催眠与催眠医疗之间其实并非像表面看上去那样迥然不同。

但是,舞台催眠师这一职业也需要一些特殊的才华和气质。首先,舞台催眠师必须善于舞台表演,是优秀的演艺者,并热爱表演。其次,他们得有支配性人格,或至少在表演过程中能掌握局面。在催眠治疗中,催眠医师和病人需要互相配合,但是在舞台上,催眠师必须要驾驭各环节的进程。因此,那

种委婉、单向、缓慢地对个体进行诱导的暗示决不能使用,如"现在学鸭子叫"。舞台催眠师选用的暗示必须直接并让人觉得难以违抗。

同样,表演气氛也很重要。舞台催眠师应该能创造群体气氛并激发所有观众对节目的好奇心,这样才能使参加表演的观众拥有正确的心态,感觉自己的确在参与表演。而如果拥有了正确的心态,正式催眠诱导还没开始,他们就会做好准备接受催眠了。

舞台催眠的过去和现在

美国催眠师麦可吉尔所提供的数据表明,在19世纪末,正是舞台催眠才使得催眠术没有被公众完全忘记。在那个年代,弗洛伊德的心理分析一统心理学的天下,科学领域对催眠学非常轻视。麦吉尔的理论表明,多亏了那时受到广泛欢迎的众多舞台催眠师,催眠学才不至于被完全埋没。

自从18世纪末梅斯默催眠术盛行以来,舞台催眠和催眠的学术研究就一直在并行发展。在精心设计的舞台上,催眠师为了吸引愿意负费接受催眠治疗的病人,常常不仅做表演而且还发表演讲。当梅斯默催眠术风行西方国家的时候,催眠成了一种流行的室内活动。催眠严肃的治疗用途和催眠的表演娱乐之间的界线有时会比较模糊,同样,名副其实的催眠师和那些诱骗观众的江湖人士有时也一样很难区分。

饶有兴味的是,催眠学最重要的一位先驱——詹姆士·布雷德医生居然是从法国拉方丹的表演中获得了启发。这位苏格兰医生在看了法国人的表演之后说自己觉得并不怎么样,但其实他开始对催眠术产生了强烈的好奇心。后来,布雷德医生成为最早使用"催眠"这个词的人。

在19世纪三四十年代,人们对梅斯默催眠术的兴趣高涨,并很快将其应用于舞台表演。其中有个分支叫"电生物学",

即让催眠对象手拿一个小金属碟,并盯着碟子看,碟子中的电会使他们催眠。使用这种催眠技巧的美国人中有一位达林医生,据同年代的英国人报道,他能让被催眠的人感觉冷的东西是热的;喝水感觉像喝牛奶或白兰地;看见实际并不存在的东西或把自己设想成如威灵顿公爵或阿尔伯特王子等另外一个人。而这些都已成为现代舞台催眠中很普及的传统节目了。

早期的舞台催眠并非对人体绝对无害。据一个1894年的案例报道,有一位叫弗朗兹·诺伊柯姆的欧洲催眠师照管过一位年轻女孩名叫艾拉·萨拉蒙。他曾治愈这位女孩的神经障碍,但是与其他很多催眠师一样,诺伊柯姆不仅从事催眠治疗还做催眠表演。在催眠表演中,他将艾拉用做自己催眠表演的媒介。通常情况下,观众中会有某个有心理疾病的人主动到舞台上来,而诺伊柯姆则会将女孩催眠并让她移情于参加催眠的人,以找到舞台上病人的心理问题。这种被称作"通灵术"的技术在当时非常普遍。在一次表演中,诺伊柯姆对施加给艾拉的暗示稍微做了改变,他告诉艾拉她的灵魂将离开她的身体进入病人的身体中。暗示了2次,艾拉都出其不意地对催眠师新的暗示产生了抵抗,这使诺伊柯姆感到恼火。于是,他让这个女孩进入更深的催眠层次,再一次下达指令让她的灵魂离开身体。就在表演还未结束时,艾拉失去了性命。验尸结果验证艾拉死于心力衰竭,而这很可能是由催眠暗示导致。诺伊柯姆因而被指控犯了杀人罪并判刑。

在美国,舞台催眠的兴盛开始于19世纪90年代,那时的催眠表演师有赫伯特·弗林特博士等人,但在他的表演中也曾有悲剧发生。在20世纪相当长的一段时期里,1913年出生于帕洛阿图市的奥门·麦吉尔曾占据舞台催眠领域最辉煌的位置,被称作美国舞台催眠泰斗。与其他舞台催眠师一样,他起先只对舞台催眠的神奇性感兴趣,之后才开始专注于催眠研究。麦吉尔的著作包括享有盛名的《舞台催眠百科全书》。在他的职业生涯中,他把催眠的舞台表演、学术研究以及临床治疗结合到一起。同时,他也是首先使用电视这一新媒介的舞台催眠师,他的工作激发了全世界很多当代舞台催眠师的灵感。20世纪其他舞台催眠大师还包括吉米·格里坡、女催眠师帕特·考林斯以及国际著名的马汀·圣詹姆斯。

今日的舞台催眠师

今天在全世界各地有成千上万名舞台催眠师,其中最成功的一部分经常作为嘉宾或者表演者频频出现在电视节目中。比如,在"杰-雷诺晚间秀"和"大卫深夜秀"2个电视节目中就常见到美国著名的催眠师兼喜剧演员吉姆·旺德(心理学博士)的身影。今天,催眠表演师有非常广泛的表演场所,在集市、毕业典礼、宴会、会议活动、私人派对以及旅游客轮,甚至在大型娱乐场所拉斯维加斯都能看到他们在表演献艺。

他们的表演风格迥异、内容纷呈,但"幽默"是大多数表演的主题。舞台催眠师经常说自愿参与节目的观众才是表演真正的主角,正是观众的参与赋予了各场催眠表演引人入胜的独特性和互动性。舞台催眠的批评者说,一些参与者可能会感到尴尬和羞辱。但事实上,多数有经验的催眠师都想方设法不让观众感到尴尬,并在表演前就告诉观众将会发生什么。比如,在个别低俗的成人表演中,他们会告诉观众,表演可能会有以性爱为话题的小插曲。

表演者不同,暗示的组合也会不同。每个舞台催眠师都有自己独特的暗示,所以他们表演的套路也是八仙过海,各显神通。但表演的基本模式却比较相似:把志愿者叫上台、对其进行催眠诱导、给其进行不同的暗示以及催眠后暗示。唯一可能会限制暗示内容的是催眠师的想象力。暗示的套路包括告诉催眠对象自己是某个著名人物、让他们学外星人说话、学小甜甜布兰妮或汤姆·琼斯跳舞、把鞋子当作电话、用手指尖看东西甚至模仿性高潮的动作等等。

催眠师可以让人做违背意愿的事吗

由于媒体的误导,现在很多人对催眠都存在着不同程度的误解。有谁能够不受那些电视、电影及广告的影响呢?对他们来说催眠一词存在着消极的含义,于是一些诸如"活跃的沉思"、"创造性的展现"等委婉的说法被用来形容催眠。因此,我们很有必要阐明催眠是什么,不是什么。现在流传着很多关于催眠的性质和用途的错误概念。如果我们错误理解,或者错误的期盼,这些误解就会产生。

下面就让我们对一些常见的关于催眠的误解做一下分析，并且纠正它们。

被专家和从业者们普遍接受的观点是：没有人可以在违背自己意愿的情况下被催眠。

绝大多数催眠学家认为，人们在催眠中无法被迫违背自己的本质信仰和道德观做事或说话。他们指出一个事实：只有你想要达到无意识行为的一种变化时才能达到这种变化。比如说，如果你并不是真的想要戒烟的话，几次催眠疗程都不太可能使你戒烟。你的潜意识反映了你的真实想法。

即使舞台催眠师使一些观众进入深度催眠状态，并让他们做出一些诸如学鸭子呱呱叫等不正常举动，也是因为被催眠者事实上已经在潜意识里接受了这一安排。

但是，必须要在此说明的是，一些催眠学家认为这一问题要比乍一看复杂得多。他们认为，通过对暗示进行重组再构可以使其看起来与主体的意愿相一致，却可以使这个人做出一些在正常状态下不会做的举动。

催眠真的可以控制人的大脑吗

人们对催眠抱有恐惧感是很常见的，这往往是由于他们对催眠知之甚少，或者受到了媒体描述的误导。恍惚和催眠有时被与魔法和神秘主义联系在一起。有时候它们使人联想到一些组织和团体试图对无助的人们实施心灵控制。这些联想很少有甚至根本没有现实依据。尽管据报道，有些组织如中央情报局在第二次世界大战之后确实将催眠用于心灵控制实验和审讯，但这一手段很快就被放弃了。原因很简单——没有效果，迫使人们做他们内心深处排斥的事情是极其困难的。每年，合格的临床催眠师和催眠治疗师都能帮助数千人克服恐惧症（比如：害怕蜘蛛症和恐高症）、赢得自信或者戒烟。令人苦恼的是，已经在人们心中深深扎根的对催眠的恐惧感妨碍了他们使用这一非常有效的疗法。如果媒体和公众不再戴着有色眼镜看催眠的话，每年得到帮助的人会更多。

事实是，在整个催眠过程中，你都是在自我掌控的，你可以选择接受或者拒绝任何提供给你的建议。催眠不会把你变成像机器人一样，那些所谓的催眠就是把自己完全交给催眠师来指挥的说法是荒谬的。也就是说，你的主动参与的意志力才是催眠能够成功发挥作用的关键因素。

催眠是不是一种超自然的实践

催眠并不是什么神秘的东西，也不是什么新鲜产物。早在十几年前，美国医学协会就已经通过了催眠的认证，并且证明它可以被当作一种医疗手段而广泛的应用。事实上，催眠已经被应用于精神方面的治疗了，但是除了精神方面的治疗外，它不涉及任何所谓幽灵或者其他奇妙现象。所以说，催眠过程就是让你保持自然放松的过程。

就像骑自行车一样容易。

任何可以引导人专注而放松的方法，都可以作为催眠诱导的技巧。

任何可以吸引人专注而放松的物品，都可以成为催眠诱导的工具。

而且，只要你善用环境的素材，任何地方你都可以进行催眠。

请把握催眠的关键——专注而放松，再灵活发挥创意，你就会有用之不尽的催眠技巧。

有些进入很状态的人，解除催眠后，需要较长的时间才能完全与现实同步。所以要确保对方离开时，保有清醒的心智，能够平安回家。

PART 03 掌握方法，催眠其实很简单

催眠的4种状态和6个阶段

催眠的一个重要部分是恍惚状态。潜意识此时摆脱了有意识心灵判断能力的束缚，开始接受暗示。

首先，我们先来看一下我们所经历的不同心灵状态。第一个是清醒时的beta状态。在这种状态下，我们的大脑高度警惕，使用推理和逻辑。科学家们测量了不同状态下的大脑活动，并使用脑电图仪对活动进行监控。在beta状态下，脑电波的活动速度在每秒14～30周不等。

第二个心灵状态叫作alpha状态，此时脑电波活动速度为每秒8～13周，我们的心灵仍然处于警惕状态，但较为放松。我们在这种心灵状态下通常更具创造性，更容易接受新信息、发挥想象力。一些催眠学家认为这一状态是从有意识心灵进入无意识心灵的门户。我们每天都会经历alpha状态，比如沉迷于电影中、马上要睡着或刚刚睡醒时。催眠学家们说，我们进入alpha状态时也就开始进入恍惚了。

第三个是theta状态，此时脑电波活动速度为每秒4～8周。这一状态高度放松、平和，伴有睡梦。它有时被称为睡梦状态。当我们进入深度睡眠或刚从深度睡眠中苏醒时都会体验到theta状态。

最后是delta状态，脑电波活动速度少于每秒4周。这属于深度睡眠状

态,心灵完全失去意识,催眠还不能达到这一状态。

需要指出的一点是,各个水平的脑电波并不严格地局限于某种特定心灵状态。比如,当我们处于beta清醒状态时,大脑里仍然存在alpha或theta电波。以上4种状态是按照占主导地位的某种波长来划定的,它们对于催眠的意义在于:催眠性恍惚发生于alpha和theta状态,就在这时,对无所不在的无意识心灵的暗示才不会受到有意识心灵判断能力的阻碍。当患者的判断官能开始退居二线时,暗示才能作用于无意识。

催眠恍惚经常被划分为6个不同阶段或深度,从alpha和theta状态一直到delta状态开始时。每一个阶段都伴随着催眠师诱导出的不同表现。催眠师懂得如何诱导并辨识这些不同程度的恍惚状态。

第一阶段

这一阶段伴随着瞌睡,放松开始。套用催眠的老话,你开始"想睡觉"。其实,催眠并非睡眠,催眠师在这时使患者出现第一次肌肉僵直。也就是说,你的一些肌肉开始变得沉重,你无法移动它们。首当其冲的通常是肌肉较小的眼睑。被催眠者的眼睛会紧紧闭上,并且感觉自己没有力气睁开双眼。

第二阶段

此时,患者的某些肌肉组会出现僵直,比如一条胳膊。他们还可能会有沉重感或漂浮感。同第一阶段相比,这一阶段可以被看作是轻度恍惚。恍惚程度逐渐加深接近第三阶段时,则进入中

度恍惚，这时，患者的双腿甚至全身都会僵直。

第三阶段

在中度恍惚的第一层，患者除了感到肌肉僵直外，味觉和嗅觉还可以被改变。这时，催眠师将一朵香气扑鼻的玫瑰放到患者鼻子下方，对其潜意识暗示说它闻起来像只臭袜子，患者的身体便会做出相应反应。在这个水平上，催眠师还可以使患者忽略一个数字的存在。例如，催眠师可以暗示说数字3不存在，那么当患者从1数到5时会直接从2跳到4，把3漏掉。

第四阶段

随着中度恍惚的程度加深，催眠师可以诱导患者出现健忘症——丧失记忆。这时可以加入后催眠暗示（关于患者想要达到的习惯或行为变化）以确保患者的有意识心灵不会阻碍无意识心灵发挥作用。其他现象包括部分肢体的感觉缺乏——麻木，以及痛觉丧失——无痛觉状态。

第五阶段

深度恍惚的第一层经常伴随着正性幻觉，即：催眠师可以诱导患者看到或听到不存在的事物或声音。例如，催眠师说一个空花瓶里放着某种花，那么患者就能够对花进行描述。舞台催眠师在这时常常使用不平常的后催眠暗示，于是当被催眠者"醒来"时，他可能就会像鸭子一样呱呱叫或者像鸟一样扇动"翅膀"。

第六阶段

在这个程度最深的恍惚中，患者会出现麻醉现象，这时可以为他们做外科手术。另一个现象是负面幻觉，即：患者看不到或听不到实际存在的事物或声音。梦游症也会在舞台上出现。

上述6个阶段可以大致概括催眠症状，但患者经历一些阶段的时间可能有所不同。而且不同个体之间的恍惚程度与行为举止都可能有很大差异。

催眠治疗师的大部分治疗工作可以在前3个阶段——较为轻度的恍惚状态中——进行，这3个阶段被称为记忆留存阶段。后3个深度恍惚阶段常常被称为失忆阶段。

"诱导"催眠制胜有招

诱导

如果恍惚是催眠的关键，那么使别人进入恍惚的能力就必然至关重要了。这一过程通常被叫作诱导。当我们自己进入恍惚状态时，比如做白日梦，无意识心灵的关注点是白日梦的对象。而当一个人引导另一个人进入恍惚状态时，被催眠者无意识心灵的关注点是催眠师或者其无意识心灵与催眠师进行沟通。催眠师与主体无意识心灵之间的这种关系就是亲和感。在催眠疗法中，建立二者之间的高度亲和感通常被认为对成功具有重要意义。催眠师和主体进行催眠前沟通的大部分目的就是帮助患者增进了解和信任感，从而增强亲和感。催眠师会通过沟通为每个特定主体设计恍惚诱导的最佳方式和最佳台词。

诱导的方法

1. 恍惚诱导

恍惚诱导的方法多种多样，它们在接近方式、时间长短和气氛上有所不同。它们是命令式的或允许式的。这里将探讨诱导的不同类型以及它们作用的方式。理解这些是很重要的，然而，虽然诱导方式彼此完全不同，但它们都会产生以下结果：

放松身体和精神。

注意力集中。

减少对外界环境和日常事务的注意。

更强的内在感觉注意。

2. 固定诱导

固定诱导将被催眠者的注意力集中在感兴趣的很小的一个点上，例如摆动的钟摆、墙上的一个点或一个蜡烛。当全神贯注在固定的一点上时，你的注意力会从外界景象和声音上直接被拉到目标上面。诱导需要几秒钟或二三十分钟，取决于你的暗示感受性。

使用此诱导，你要在一个舒适的位置上，并点上蜡烛，在它燃烧和闪烁时盯着火焰，全部的注意力都要集中在火焰。诱导可以如下开始：

看着火焰燃烧和闪烁，你的眼睛继续盯着火焰，全神贯注在火焰上。看着火焰闪烁,眼睛继续盯着。当你看着火焰燃烧时,你的眼睛会变得沉重、变得沉重,你的眼睛变得越来越沉重……越来越沉重……直到闭上。

3. 快速诱导

快速诱导会非常快地引起催眠状态。该诱导由简短、快速的命令组成,如下:

闭上你的眼睛。低下头,让你的下巴碰到胸部。胳膊举到肩膀的高度。当你的胳膊觉得很轻好像漂浮的时候,你就进入催眠了。

该诱导大部分在有很高的暗示感受性的人身上会成功。别人会觉得太突然、不能放松。

快速诱导与催眠治疗的关系最为密切。进行示范的催眠师能给观众一个暗示感受性测试,快速确定其暗示感受性。然后他能用快速诱导对高敏感的人做出生动的验证。

医生在个人实践中,可能在与病人接触几次后才确定他是高暗示感受性的。那么在治疗这个人时,医生就可以用快速诱导以节省时间。

4. 间接诱导

间接诱导不同于其他方法,它不使用任何直接的方式。相反,诱导交流

是通过类比、象征的方式。该催眠方法对那些抵制其他多种直接诱导方式的人尤为适用。原因很简单：一个人是很难去抵制、拒绝他并不知道在接受的暗示的。

在间接诱导中，如果催眠师治疗一个因压力而心律不齐的病人，那么催眠师会讲一些老式的水泵如何被强健的老农民使用，当农民规律地、有节奏地泵水，水泵如何可靠并且良好地工作。

如果医生在治疗一个有梦游症状的孩子，他可能会讲一个关于冬眠的熊的故事，述说熊对温暖、睡眠的需要，以及长久休息带给动物的愉快。

对于难于融入集体当中的大孩子，他不参加集体活动、经常搞破坏，医生会讲述迁徙的鸟经常要排队飞行，它们如何一起迁移，鸟群中的每只鸟如何占据一个相等的位置。他可能集中讲述每只鸟保持相同节律和速度的方式，以便使整个鸟群作为一个整体和谐地、优美地迁移。

米尔顿·埃瑞克森，隐喻学硕士，成功治疗了多种症状病人。在一个病例中，他处理一位过着隐喻生活的病人。这个年轻人用床单裹着自己，走向病房，声称是耶稣。埃瑞克森走向那个人说："我知道你曾是个木匠。"当这个病人回答是的时候，埃瑞克森让他完成一个项目。他让病人做一个书架。这是病人从自己的隐喻中转变为生产者康复过程的重要一步。

5. 放松诱导

放松诱导自动放松你身体的每块肌肉。放松过程可以从头开始向下进

行,也可以从脚趾开始向上进行。催眠他人或自我催眠时都可以使用。该诱导简单、易于使用。可以这样开始:

深呼吸,闭上眼睛开始放松。只想着放松你身体从头到脚的每块肌肉。

6. 改进的放松诱导

改进的放松诱导是为了满足那些难于放松的人的需要。它广泛用于压力控制,合并了身体和精神上的放松。与上面简要提到的经典放松诱导所需的20~25分钟相比,该过程大约需要30~40分钟。

当人们需要放松身体某一特定部位,以减轻肩部、胸部、腿部或其他部位的慢性紧张状态时,这个诱导最为常用。改进的放松诱导能一次放松身体的主要肌肉,首先集中在紧张的颈部,然后是肩部、后背等等。使用时,可以从头部开始,向下进行;也可以从脚开始,或从身体任何部位开始。你可能想从你觉得最为紧张的特定部位开始,这样在进行到其他部位之前可以消除其紧张状态。可能对你来讲,放松肩部比较困难,例如,如果你的胳膊上部肌肉也是紧张的。改进的放松诱导如下开始:

让你自己舒服一些。注意力集中在你的右肩膀、绷紧右肩(停顿)。现在放松右肩膀(停顿并重复3次)。注意力集中在你的左肩膀、绷紧左肩(停顿)。现在放松左肩膀(停顿并重复3次)。现在集中在你的右胳膊……

不管你从哪里开始,你每个部位的主要肌肉都绷紧、放松3次。当全身都做了一遍时,你就彻底放松了。

诱导的语言

诱导的语言是为了交流观点、思想和感觉。它把你的注意力集中在你自己、你的内心经历以及你的身体。它有助于你沉浸于幻想的世界中,并在意识水平之下进行交流。下面是诱导语言的关键组成部分:

1. 同义词

不仅仅使用一个描述性的词汇,而是用同义词来强化要描述的状态。它们能增强暗示,例如,你现在感觉自在、放松、平静、舒服等。

2. 解释性暗示

通过重复和解释暗示,加强理解、确保持续。例如,感到轻松流过你的身体、感到放松的温暖、放松身体的每块肌肉、感觉身体所有肌肉都放松。

3. 连接词

连接词有2个功能：保持语言流畅，防止独白被打断；进行一个指示。如"现在放松，并感觉所有肌肉都放松，然后深呼吸，并放松胳膊的所有肌肉，由于你已放松，感觉暖流流过你的身体……"在这个段落里，连接词并是反应的一个提示。

4. 指定时间

指定时间的词用于加强语气和强调。它们可提示暗示开始或结束的时间。例如，下面的任何提示都可以用来指示暗示的开始："现在，就在此刻，放松你身体的全部紧张"；"马上，你会感到完全放松"；"早上，你会焕然一新、放松地醒来"。暗示的末尾可以有这样的信号："2个小时后，你会停止学习，结束考前准备。"

诱导的声音

某些时候，你或许有对公共演讲者的演讲感到厌倦和麻木的经历，无论你如何努力都不能集中注意力。你不断地将自己拉回到所处的情形，并强迫自己仔细听每一个词。但是，事与愿违的是，你的思路还是漂移了。你的思路漂移是因为演讲者的声音将你带入一个恍惚的状态。事实上，某些人声音的语调、音量和其缺乏变化的特性，使它们具有很高的催眠性。

由于声音本身就可以诱导恍惚状态，所以你用来诱导催眠的声音对于你整个的催眠经历是至关重要的。声音可以是强迫性和指令性的，也可以是舒适美妙的。在你录下自己的诱导之前，仔细看一下以下催眠声音的特征。

基本诱导的声音主要是2种类型：单调的或者有节奏的。

单调的声音使你的注意力本身变得集中，因为没有其他任何干扰或转移的注意力的因素。单调的声音无论是在程度还是音量上都是没有变化的。它一直嗡嗡响："你将继续放松，现在放松你前额的所有肌肉，感受肌肉的平滑，平滑并且放松，休息你的眼睛。"

有节奏的或者歌舞会的声音使你平静，麻痹你使你进入恍惚状态。用这种声音，可以预见句子中的重音。它们设定了一种舒服、温柔和可预料的节奏模式。例如，"……再深入，再深入，再深入，直到完全放松……"，或者"现在你正放松你背部的所有肌肉。"

在这基本交流中，还有其他重要的因素。它们在整个诱导过程中不常

用,并且零散分布于或是单调的,或是有节奏的基本声音中。这些因素包括:

1. 为了强调和加强的字词扭曲

有时候,为了达到特定的语气效果,将字词扭曲。例如,"感受那些肌肉的松……弛和放松,感受小腿肌肉的松……弛和放松,它们松……弛得像橡皮带"。在改进的放松诱导时,你很难放松和感到舒适的情况下,这些字词的扭曲特别有用。

2. 音调的提高

声音变化的水平随调的提高而变化。这种在单调或节奏性声音中产生的渗透情绪放松状态的语调是用作提示的。语调提升是为了强调催眠后的暗示,如:"现在你将停止吸烟!"它也用做给出从诱导中醒来的命令,如:"七,八,九,十,睁开眼睛,恢复过来,感觉好极了!"

3. 不间断的节奏

这种不间断的节奏是通过使用连接建立起来的。连续的语言引导你沿着诱导的方向前进。例如,"感觉你自己放松,继续放松,更深入地放松,感觉你整个身体在越来越放松……"。这种不间断的话形成一种节奏,带你进入到一种恍惚状态,停止任何干扰,让你的注意力没有任何机会被转移。

4. 无声的停顿

为了使你有一个反应提示或指令的时间，诱导者使用了无声的停顿。例如，"现在，深呼吸(停顿)，现在呼气(停顿)。"这种停顿也用于改进的放松诱导中。"注意你的右脚，绷紧你的右脚(停顿)，现在放松你的右脚(停顿)。"给每一个反应以足够的时间是完全必要的。否则，你将感觉到着急或匆忙，从而放松也是不可能的。

诱导的步骤

在诱导之前，一般要对受施者进行暗示感受性测试，目的是测试他对暗示的接受和反应能力。暗示感受性越强，就越容易接受催眠。强烈的反应并不是说你会接受改变你行为的那些暗示，它只是意味着你是一个很好的接受者——一位好的接受者是成功的催眠治疗的第一步。

1. 僵硬手臂练习

确保你处于完全舒适的状态。伸展你的腿和胳膊，现在开始放松。闭上眼睛，深呼吸……呼气……放松。完全放松。放松你的腿，背向下，放松肩。放松你的肩、胳膊、脖子和脸。放松整个身体，就是放松。然后再深呼吸……呼气……释放，放松。注意你呼吸的节奏。随着呼吸的节奏开始涨落，当你吸气时，放松你的呼吸，开始感觉你身体的漂流并淹没在放松过程当中。你周围的声音不再重要，忽略它们，放松。让你全身从头顶到脚趾的每一块肌肉都彻底放松。在你轻轻吸气时，放松。呼气时，释放任何紧张，包括身体的、精神的和思想的紧张。

现在举起你的一只胳膊，伸直。握拳，并且要握紧，拳头握紧，现在你的胳膊变得僵直，变得非常非常僵直。你的胳膊僵直，非常非常僵直。你的整个胳膊从肩膀到拳头都很僵直了。你的胳膊又直又硬，不会弯曲。你试着弯胳膊，胳膊却更僵直。你僵直的胳膊不动，伸直，不能被移动，没有什么能移动你的胳膊，它从肩膀到拳头都完全僵直，完全僵直。你的胳膊完全僵直。现在要从五数到一。当说五的时候你开始放松胳膊，你听到每个数时，要越来越放松你的胳膊，当说一的时候，你的胳膊要在你的身旁彻底放松。五……开始放松胳膊……四……感到你的胳膊放松……三……放松……二……一。你的胳膊完全放松了。

你的反应程度说明了你的暗示感受性。如果你的胳膊变得僵直，并在开始数五之前都保持僵直，那么你是一个容易受暗示影响的人。

2. 提桶练习

（重复僵直手臂练习的第一段，进行放松）

在你的面前伸开2只胳膊，与肩平齐。想象你每只手都提着1个桶，手指卷曲绕在水桶的手柄上，握着2个桶。左手的桶是由纸做成的，由纸做的。它是空的，感觉非常轻，左手的桶非常轻、非常轻，因为它是纸做的。左手提着轻的桶。右手的桶是铁做成的，是由很重、很重的铁做成的，桶里面有些石头。当你提着重铁桶时，越来越多的石头被扔进桶里，直到桶被完全填满。桶里完全装满石头，石头堆到了桶顶。桶太重了，把你的右胳膊向下拉。装着石头的桶把你的胳膊向下拉，你的胳膊向下，因为铁桶太重了，太重了。

在这项练习中，你的胳膊会从它在肩膀所处的初始位置移动一定距离。左右手之间的距离越大，你越容易受暗示影响。

3. 手部握紧练习

（重复僵直手臂练习的第一段，进行放松）

在你前面紧握双手，把双手握得很紧，双手握得很紧。在你紧握双手时，想象你的手上沾着非常粘的胶水，胶水开始变干，牢牢的、紧紧的。胶水变干让你的双手粘在一起，你的手紧紧粘在一起。你的手好像不再是2只分开的手了，它们是一只。你的手指和手掌牢牢地、紧紧地粘在了一起，非常牢固、紧密。你试验看看胶水把手粘得有多紧，发现你的手、手掌、手指是被粘在了一起。它们粘在一起。它们如此紧密地粘在一起，好像一只手。它们被非常、非常紧地粘在了一起，感觉像一只手。数3下你也不能把手分开。你越用力将手分开，它们就粘得越紧。你每次听到一个数字，它们就粘得更紧。

诱导的过程

第一步，开始诱导。深吸一口气，闭上眼睛，开始放松。只想着放松你身体的每一块肌肉……

当你将注意力集中到呼吸和内在感觉的时候，对外界环境的感知力将降低。通过深呼吸，你开始意识到内在的感觉，引导你的身体放松。结果是你的脉搏减慢，呼吸减慢。你开始集中，将你的注意力转移到所给你的指示上。

第二步，身体的系统放松。开始放松你脸部的肌肉，特别是颌部的肌肉，牙齿分开一点使它放松……

当你集中放松身体每块肌肉的时候,你将进一步放松。你将更注意到内部功能,对感觉的感受性增加。

第三步,建立深度放松的想象。漂向完全放松的越来越深的境界。感觉到一个很重、很重的东西吊起你的肩膀……

漂向越来越深的想象有助于你进入更深的催眠状态。当"重物"吊起你的肩膀时,你肩膀的紧张就释放了。你身体感觉到的任何不同都证明了变化暗示正在发生。

建立轻盈的感觉,要使用下面的想象。

你感觉越来越轻,漂浮越来越高,进入放松的舒适状态。

诱导中指定的向上或是向下的方向是无关紧要的,只要它能给你带来身体感觉的变化即可。

第四步,加深催眠。想象一个美丽的阶梯,共有10阶,这10个阶梯把你带到一个特别的、平静的、美丽的地方。马上开始从十向后数到一,你想象着从阶梯走下,每走一个阶梯,你感觉身体越来越放松,每下一个阶梯,就更加放松,十,更加放松。九……八……七……六……五……四……三……二……一……更放松,更放松……

为了进一步加深催眠状态,数数通

常是从十数到一。加深催眠时,从十向后数到一;返回到完全的意识状态时,从一向前数到十。

虽然上面用了阶梯的想象,为了增强你向下的感觉,你可以用任何你喜欢的想象去代替。或许你想用电梯下降10层的想象,如下所示:

你在一个电梯里面,感觉到自己开始下降。当你看着楼层数字通过,你看着数字十……现在是九……

这时,你的四肢开始发软或僵直。你的注意力开始集中,你的暗示感受性增强。你也会经历一个强烈的想象力增强的过程。周围环境停滞了。

第五步,特别的地点。现在想象你在一个平静的、特别的地点。你可以想象这个特别地点,你甚至能感觉到它。你一个人在那里,你独自一人,没有人打扰你。这是世界上适于你的最平静的地方。

你所选择的特别地点,对于你以及你的经历都应该是独特的。可以是你真实参观的地方或者是你想象的。这个地点不必是真实的。你可以坐在漂浮在平静海面上的一个巨大蓝色枕头上,你也可以在悬挂在太空中的吊床上伸着懒腰,你还可以在云彩中央。你的特别地点必须是你能独处、并能对你产生积极感觉的地方。在这个特别地方,你会增强对进一步暗示的接受能力。也就是说,一旦产生了平静的感觉,你会对想象做出反应,这能加深催眠后的暗示。

第六步,总结诱导。在特别地点再享受一会,然后开始从一数到十,你开始恢复完全意识,好像休息了很长时间而精神振奋。现在开始恢复,一……二……上来……三……四……五……六……七……八……九……十。睁开你的眼睛,完全回来,感觉好极了,非常好。

完成诱导,要暗示一种舒服的感觉,避免突然返回,否则会引起睡意或头痛。你应该感觉放松、精神振奋。你可以四处走走,确定完全清醒了,并祝贺自己做得好。

对催眠作用机制的探索仍然会继续,但如今已经无人置疑催眠的有效性了。催眠在帮助人们戒烟、减轻压力、促进事业发展,甚至侦察犯罪案件方面都用途广泛,并且给我们的生活带来有益的影响。从莫扎特到亨利·福特的无数著名人士纷纷使用催眠,这足以证明其力量。

PART 04
不可思议的催眠力量

戒烟、戒酒、戒毒

戒烟

马洛，法律专业三年级学生，早上起床做50个俯卧撑，和父母一起吃个短暂的早餐，骑上自行车去学校。3年来他从未改变这一习惯。

鲁思，60岁的非小说散文文学作家，早上5点醒来，热一杯牛奶，下楼遛弯儿，进行晨练，再回到床上看报纸，喝牛奶。从她开始记事起，她每天早上都这样过。

在刘莎上床前，她要安排一下第二天的大体计划。自从成为当地电视台的节目助理导演后，她每晚都如此。有时，她从床头几上拿几张纸，记下些笔记。然后带着这种期望明天的不变程序进入梦乡。

李丽和王威，在他们50多岁时做房地产代理，每天早上上路时点上第一支香烟。从那时起，王威每半小时要吸一支烟，李丽每天至少要吸一包半。在他们结婚后的20年里，这种模式一直没有改变过。

以上的这些人，以及其他上百万与他们类似的人，都有一个根深蒂固的习惯，就像条件反射一样。不管他们的具体习惯是什么，每个人都能得到自己的满足。

马洛做完俯卧撑之后精力充沛。每天早上经过1个小时的"美好时光"之后,鲁思一天都会充满干劲。刘莎写下她第2天活动计划就倍感舒服,当然,李丽和王威每次点上烟都会得到暂时的活力。

暂不考虑这些习惯会引起个人忧虑和产生严重破坏。每个习惯好像都很持久。如果你吸烟,你就会知道一个习惯会多么持久。你可能已经忘记你开始一个习惯的最初缘由,或者你只是发现每天你吸烟并没有明显的理由。虽然,现在你想要终止这个习惯,却总发现想要终止它是不可能的。所有的医学资料和世上的威吓策略都不能影响你改掉它。原因很简单,习惯不是由你思想中的理性部分建立的,它的起因是存在于你的潜意识中的。如果你想要改变行为,你必须首先认识到行为的原因。下面是人吸烟的主要原因:

吸烟是滋养自己。早上起来你觉得呆滞,眼前的工作前景黯淡。你点上烟,快速提提神,精神得到些许提高,感觉为一天准备好了。

或者,你在家大部分是独自一人,你感觉与外界隔绝。你可能感觉被忽略。香烟的陪伴让你减轻了这种孤独感。如果你的孩子刚去了大学读书或你正经历生活中的分离,你对"朋友"的依赖性更加强烈。在缺乏其他支持的情况下,你就吸烟。

吸烟来减少压力或从所进行的活动中休息一下。整天都受到工作的压力。你好像不能释放或想寻求镇静,因此你吸一支烟。停止你正做的事,点上烟,深吸一口,有几个目的:

(1)烟能让你从所做的事情中得到身体上的少许休息。如果你正吸烟,你不能同时做别的事。(2)深深吸一口烟本身也是一种放松练习。
(3)只为了吸烟能把你带到思想中预想画面的片刻。当你点上

烟，你期望享受片刻的愉悦。推开压力，你的精神焕然一新，让你自己继续消除压力的活动。

在宴会上，烟可以作为一种纽带，在你递烟或者接受烟时，把你带入吸烟人群中来。你可以把烟作为认识其他人的工具，因为你们共有相同的习惯，能提供一些安全、打破僵局的对话。

最后，因为你感觉吸烟让你看起来更老练、自信和突出，你的自我想象得以增强。你可能十分羡慕吸烟的人，模仿他人的习惯让你与他的行为一致，从而减少疏离感。

1. 戒除习惯时要满足需要

考虑一下以上原因，每个原因都有积极作用。也就是说，要进行滋养、要减少压力、在社会关系中感到自在并没有错，你用烟来满足有一定意义。它只是你所建立用于满足需要的破坏性而非支持性的习惯。

你听到有关烟的副作用不止一次，你也全部了解。能满足相同需要、产生一种新的行为或新的习惯的建议可能有些荒谬。但是事实并非如此，如果你愿意尝试潜意识的力量的话，你的潜意识能为你提供你真正想要的、代替香烟的特定有益的事物。

2. 为结果来重新编制

通过催眠诱导来实现重新编制，目的是帮你满足特定需要并减少日常环境带来的要求。你需要：

建立自信心以达到目标。

诱导暗示："回忆过去你已经取得的所有成功，你已经达到的许多积极的目标，感到非常骄傲，为自己骄傲，为生活所有积极方面骄傲，因为你在过去是成功的，因为你已经达到非常多的积极目标，你会继续成功达成你拥有的每个目标，在生活的各个方面继续成功……"

感觉香烟没有吸引力、味道不好。

诱导暗示："现在烟味令人厌恶，味道没有吸引力。你的嘴里没有烟，没有任何香烟的味道，感觉清新。"

感觉你自己是个健康、有活力的人。

诱导暗示：在你身体里没有循环有毒的、不健康的烟雾。现在，你选择去变得健康、强壮，用你干净、清新的肺呼吸清洁的空气。你烟吸得越少你感觉越好。很快，你开始发现你生活的各个方面开始得到越来越多的提高。你的呼吸越来越容易，重新获得了全新、健康、重要的能量。

想象你自己是个不吸烟的人。

诱导暗示：你有理由去做个不吸烟的人。现在你有意识选择去做个不吸烟的人，你感觉很好，脸上带着微笑。你是个不吸烟的人，这感觉好极了，你已经停止吸烟了。想象你自己在社交场合，想象你自己在任何场合，享受自己，没有烟感觉好极了，那感觉好极了。

根据吸烟的时间、地点、原因把新的行为模式整合到生活中诱导暗示，现在你有对付旧习惯的新方法了。插入全部你列在新选项一栏中的陈述，如果要把诱导录音，需要把我换成你。

3. 完整诱导

你已经建立信念，已经做出选择去做个不吸烟的人，感觉很好，这感觉很好。你的身体现在抵制吸烟，你的肺不再想要有毒的气体进入。现在它们想重新变得清洁、干净、健康。你的鼻窦想要感觉干净、清新的空气。香烟的味道现在让人恶心，味道不吸引人，让人不感兴趣。你的嘴里没有烟，没有香烟的痕迹，感觉很清新。在你的系统里没有有毒的、不健康的烟。你现在选择健康、强壮，用你的肺部呼吸干净、清新的空气。你有全部正当理由去做个不吸烟的人。你已经建立信念，现在比以前更主动去继续为自己建立最健康的生活，你现在是个不吸烟的人。你从心里感觉如此。你现在有意识选择不吸烟，感觉很好。你是个不吸烟的人，积极的感觉会陪伴你一整天，无论你去哪里。想象你的日常工作，你通常所做的事情，想象你自己做这些日常工作时没有吸一支烟，感觉很好。你现在有对付旧习惯的新方法了，这是你对付旧习惯的新方法，一个成功的方法。想象你做日常工作没有吸一支烟，你的脸上带着微笑，你感觉很好。无论你的目的地在哪里，想象你自己如平常一样到那里没有吸一支烟，呼吸干净、清新的空气，喜欢做个不吸烟的人。继续想象你自己进行日常工作，感觉平静。感觉平静、放松，就像你现在的感觉一样。在你的脸上挂着微笑，你是个不吸烟的人，这感觉好极了。你已经停止吸烟，你郑重地决定不再吸烟，你感觉很好。做个不吸烟的人你感觉很好。想象你自己没有吸一支烟度过了一天，感觉好极了。你烟吸得越少，感觉越好。很快你开始注意到每日每夜你生活的各个方面都得到越来越多的提升。你继续轻松地呼吸，重新获得全新、健康重要的能量。你是个不吸烟的人，感觉很好。想象你自己所在情况，想象你自己在各种情况下，享受自己，没有烟感觉好极了，那感觉很好。

4. 期望和加强什么

此催眠诱导产生作用的时间长短因人而异，有的人在第一阶段就停止了吸烟，有的人要反复诱导6个月才能停止，在你达到不吸烟的状态后，不久你可能又很想去吸烟了。如果这样，立即使用戒烟诱导。不要助长这种情况，再次成为驻扎在你意识中的习惯。

戒酒

将催眠用来治疗酗酒症的做法远远不如戒烟普遍，不过还是有些治疗师提供这项服务。这是因为，导致酗酒症的潜在原因要比导致吸烟的原因更加复杂多变，其中包括抑郁、缺乏自信以及在社交情形下缺乏安全感。催眠可以解决其中一些问题，比如说，使患者在社交时感觉更自信，从而消除喝酒"壮胆"的冲动。在一些病例中，催眠已经成功地帮助酗酒者戒酒，其方法就是在多次催眠疗程中通过暗示帮助患者建立自信心，告诉无意识心灵患者自己对喝酒已经失去兴趣了。但是，催眠很少单独地被用来治疗酗酒症，而是经常与匿名戒酒互助社或医疗人员所提供的其他治疗形式相结合。在这种情况下，催眠可以用于加强患者接受治疗的决心或者在治疗开始后增强患者坚持到底的毅力。这样，催眠就会成为帮助人们克服酗酒上瘾症的强有力的工具。

戒毒

催眠有时还帮助嗜毒者坚定接受戒毒治疗的决心。嗜毒者往往想要戒毒，但同时又害怕自己缺乏完成治疗的力量，这时催眠就有用武之地了。催眠师可以在患者处于恍惚中时对其无意识心灵暗示说：患者想要接受治疗、寻求变化，并且渴望更健康。

但是，仅仅对嗜毒者进行戒毒的催眠暗示可能会非常危险，尤其是当嗜毒者已经对毒品产生了生理依赖的时候。催眠可以帮助消除患者对毒品的心理依赖，但对生理依赖却爱莫能助。因此，与戒酒相同，催眠经常与医生的治疗结合起来帮助患者戒毒。

催眠让人安然入睡

你度过了漫长而又艰难的一天，你需要好好睡上一晚。你躺在床上，闭上眼。但是你的大脑在思维。一个想法进入你的脑海，在它消失前另一个又来了。时间过去了。你知道你需要休息，你无法休息，你开始害怕今晚睡眠不足，明天无法打起精神。害怕越来越强烈。你感觉越来越清醒，睡眠又一次抛弃了你。

既然催眠法的深层次催眠状态是警觉意识和睡眠的过渡阶段，我们就会知道基本放松意念法能帮助人们从清醒顺利过渡到睡眠。如果首先清楚自己的睡眠方式，消除导致失眠的外在因素，催眠法的效果会更好。知道阻碍自己睡眠的方式后，你可以设计一个强有力的意念法，并且长期受益。

测验你的环境和身体状态

在使用睡眠意念法前有两处需要做出适当的改变。睡眠环境中任何干扰因素都要排除。身体中任何紧张处都要放松。通过创造有利于睡眠的气氛你能最有效地利用睡眠意念法。

你的周围环境需要体现休息和放松。温度不能过高或过低。空气必须流通。尽可能地保持安静和黑暗，除非你发现某些声音（潮水涨落的声音）或微暗的灯光让人舒服。考察居住的环境，找出可能干扰你的因素。有没有滴答声音太大的钟？有没有可能会响的电话？如果你和他人共处一室，如果室友是一个问题（他/她睡觉时声音太吵），你可以用一两晚的独处来实验意念法。

你的身体需要放松。为了感觉身体是否紧张需要躺在床上做下面的运动。从身体的某一处开始把注意力集中在某一部分（你的脚，脚指头，膝盖，大腿，等等）。当你集中身体的某一部分时注意是否有紧张感，如果有就放松。特别注意头部、下巴、眉毛、脖子和肩可能太紧张。检查是否有些部位因白天过于紧张而疼痛。如果有，把注意力放在那儿，然后放松。

制订计划

意念法会帮助你重新设计你的精神活动方式，这样你在睡觉前会感到平静和平和，当你该休息时，你身心自在，你轻柔地进入梦乡。下列积极的建议帮助你消除经常的床上独白。

醒着时也让自己休息。如果你是数时间者，这意味着你总是在焦虑，时间一点一滴地过去，而自己却仍无法入睡。因此，你需要不再关注时间的流逝，你需要停止看时间，而是要告诉自己你在休息，休息是睡眠的第一步。实际上你对自己说："时间不重要，胡思乱想时我也在休息，休息时我的身心自在。"这两句话的新想法将帮助你培养新的行为，你不再是一个数时间者。

用积极取代消极。如果你认为自己是个悲观者，你会把睡眠不足仅仅当作你无法控制的又一次消极的人生经历。反之，你需要提醒自己白天发生在周围的快乐事情。你可能在工作中收到了积极的反馈意见、你可能因为说过或做过的事情而受到表扬、你可能因为你的外表受到表扬，或得到某个人的邀请，很明显他对你的公司很感兴趣，并高度评价。使你无助的事情你不再关注。你不再悲观，并练习下面肯定的话："今天发生了一些快乐的事情。明天会有更多的积极事情。"这个新的想法将帮助你确立新的行为，你不再是一个悲观者。

晚上时间与睡觉时间没有联系。如果你是安排者你需要把你的问题丢在一边。不管它们是真实或是想象的，都留在白天时间处理。

如果你是一名安排者，对自己重复下面的话："晚上我会把问题放在一边。我会在更好的时候处理它们。"同样，这个新想法帮助你确立新的行为。从现在起你不再是个安排者。

现在从上面的建议中选择合适自己的积极建议，然后写下来。这是你新行为的协议。在催眠法中你会看到这个协议。你将把这些积极的建议融入你的潜意识中去。你不再告诉自己生活是多么消极。你不再认为自己是受害者。写下新的行为方式，然后在有意识或无意识中运用它。

总体意念法

现在停留在你想象的地方，并无其他地方可去，也无事可做。仅仅休息，仅仅让自己漂浮，漂浮在甜美的梦乡。当你漂浮时看见你的协议，看见你写的内容，看见那些积极的话语、思想和目标，看见你写的内容并知道这是真的。

你的新的、积极的想法是真的。你抛弃了消极的想法和感觉。你消除了身心、思想上的压力和紧张。在你越来越放松时，一个新的积极的建议越来越强烈。让自己慢慢进入梦乡。当你进入到甜美的梦乡时让那些积极的建议留驻在脑海中。现在意识到自己是多么的舒服，多么的放松。你的头和肩都放在适当的位置，你的背被支撑着，你对周围正常的声音越来越没有感觉。当你进入梦乡时你可能感到有消极的思想或担忧出现在你的脑海，试图打扰你的睡眠，打扰你的休息。仅仅把这个想法扫起来，如打扫地上的碎屑。把这个想法或担忧放在盒子里。盒子有一个漂亮的紧盖。把这个盖儿盖在盒子上，再把盒子放在衣柜的最上一层，你可以在其他合适的时间返回来，这个时间不会与你的睡眠时间冲突。所以当这些不受欢迎的想法出现时，把它们打扫到盒子里，用盖子盖在盒子上，把盒子放在柜子的最上一层，然后顺其自然，继续进入梦乡，

越来越沉。

思想回到你的积极想法和积极话语之中来。让那些思想从脑海中浮现出来，如"我是有价值的人"。让积极的想法从脑海中浮现出来。让它们飘浮，你可能会看到它们慢慢后退，慢慢后退，你越来越放松，越来越困，越来越困，越来越放松。想象自己在平和的特别的地方，感觉如此舒适，如此放松。

整晚你都睡得很香，如果你醒来你只需要再一次想象那个特别的地方，然后漂浮，返回甜美的梦乡，甜美的梦乡。你的呼吸是如此轻松，你的思想也放松下来，你漂浮在甜美的梦乡，整晚无人打扰。你在计划的时间醒来，感觉精神百倍。现在无事可做，无事可想，无事可做，仅仅享受你的特别地方，你的特别地方是如此平和，如此放松。仅仅想象在你特别的地方是如何放松。

可能你还会体验到其他不同的精彩之处。仅仅是体验漂浮，所有的思想都在后退，漂浮在甜美的梦乡。漂浮在舒适、自在的梦乡，当你躺在床上时你的身体越来越沉，越来越放松……

克服心理障碍

克服害羞心理

在生活的有些时刻感到害羞的人即使不占绝大多数，数量也绝对众多。这种时刻也许是遇到我们爱慕已久或一见倾心的人，抑或被要求在一群陌生人面前讲话。大多数情况下，我们会迅速渡过难关然后忘得一干二净，这种害羞不会妨碍我们的生活。而且有时候，一定程度的害羞甚至是一种吸引人的宝贵品质。

但深度害羞使一些人苦恼不堪。他们一想到在聚会上与陌生人讲话，在课堂上被提问，在人群里走过，或者给邮递员开门便会紧张不安。他们甚至无法忍受在餐馆等公共场所吃东西。他们脸红、手心出汗、感到恐慌。这往往是别人看不到的，他们会尽全力在朋友或家人面前加以掩饰。这种极其有害的害羞正如恐惧症，能够毁掉患者的一生。这种程度的恐惧往往与缺乏自信有关。

催眠可以给饱受这一病症折磨的人带来巨大益处。尽管遗传是造成这种极度害羞的始作俑者,但在某种程度上害羞更是一种后天形成的行为,一种在无意识水平起作用的行为。这是很糟糕的,但庆幸的是,无意识可以学习或被教以新行为。

催眠师的方法是,让患者想象自己身处某个社交场合,看到自己以一种更加自信的态度思考和行动。而对无意识的心灵暗示则告诉患者,让患者知道他拥有巨大潜能,他的观点很重要,他可以为周围的世界做出贡献,这样患者的自尊心就会逐渐得以提升,并且在他的行为举止中体现出来。同时,他在克服害羞方面赢得的每一个小成就都会反过来进一步增强他的自信,建立一个"良性循环"。

减轻压力

想象交响乐团开始失控,一个小提琴手高出其他弦乐部分3bar,打击乐手又比出错的小提琴手高出6bar,指挥棒的挥舞速度是乐谱频率的两倍。音乐家永远在重复着他们的混乱,直到音乐完全变成一种疯狂。最后,这个不幸的交响乐团在舞台上乱成一团,他们的乐器散落满地,就像散落在战场上的武器一样。

同样的,如果一个人总在经历压力,并持续承受紧张,那么他的紧张会越来越严重,并最终导致与压力相关的疾病发生。

然而某些类型的压力也可能对你是有益的,例如一次非常浪漫的相遇或者是对奖励的期望所引起的压力,这样的情况就要求你有所改变。既然你不能改变世界,你就需要改变你对它的反应。

首先,分析你产生压力反应的大体原因。有成百上千种原因能导致压力——从噪音到怨恨,从疲惫到感情波动。尽管你的压力原因看起来可能难以琢磨甚至很是令人迷惑,但它们多将归于以下主要的几个类别中。

你已经继承了压力倾向。你从你父母那里学会了如何显示感情,你通过观察你父母一方或双方,学会了在一些公共场合的一定行为,你看你外祖母做意大利面条,你从她那里也学会了。你学会了特定情况下,最可能产生的行为模式。

你母亲在招待客人的时候,总是感觉到压力。你散漫的兄弟在与你保守的父亲谈论政治的时候显示出极度的压力,在父亲与兄弟同在一间屋子的时候,家庭其他成员也同样会感觉到压力。这些都是一些极端的例子,但它们可以说明一个家庭中压力可能出现的方式。

如果你的父亲在开车的时候感觉到压力，那么你在早年就会形成这样一个意识，开车能引起压力。结果，开车将成为导致你产生压力的一个重要因素。

你的压力是遗传来的。你学会了按你崇拜的或依靠的人那样做事。这就叫作"模式化"，正如恐惧经常"进入家庭"一样，压力反应亦然。

此外，由父母传递给孩子的压力有时因为个人的身体素质差异而被增强。两个孩子在遇到相同刺激（如嘈杂的环境）的时候都可能显示出压力，但是其中一个可能会因为天生的身体素质差异而反应更强烈。

因为恐惧、可怕和"理应如何"而承受压力。注意力集中在生活中的噩梦、灾难或事物最坏的一面上则会导致持续的压力。如果你有过大祸或灾难，你就会认定每次都会出现某种疾病或危险。如果你姐姐的丈夫和邻居的丈夫都离开了他们的妻子，与一个年轻的同事结了婚，那么当在你丈夫延长待在办公室的时间时，你就会想象你的丈夫也会那样，只是时间的问题。如果你9月份的销售量下降了，你想象到年终你就会被公司解雇。

"理应如何"对你的情感几乎是破坏性的。"理应如何"由一些你认为你和其他人必须以此为生的规则构成。问题是你为自己制定了这些规则。然后，你尽量去遵守它们，就像它们是法律一样。当你不能或没有做到时，你感觉自己是一个坏的、讨厌的、低劣的人。你谴责惩罚自己。

下面是几个常见的折磨人的"理应如何"：

- 我理应是一个完美的爱人、朋友、父亲、教师、学生或配偶；
- 我不应犯错误；
- 我应当看起来有吸引力；
- 我应"控制"我的情绪，不觉得愤怒、嫉妒或压抑；
- 我不应当抱怨；
- 我不应依赖别人，但应当照顾好自己。

你可能还有一些自己所认为的应该添加到这个列表里的理由。不幸的是，你的应当不但妨碍了对自己的准确认识，也影响了别人。你认为你认识的人应当按照你的规则来办事，如果他们没有，则他们是不服从的、不关心的、懒惰、邋遢、蠢笨的、缺乏同情和爱。在乎这个看不见的负担列表，生活就是种不必要的消耗。

你经历压力是因为不可逃避的疼痛或不适。不可逃避的疼痛或不适是来自身体上的真正原因，如慢性疼痛。伴随生理感觉的是情感。当你感觉到任何慢性疾患的时候，让你感觉到"与世隔绝"或孤独，是很正常的。你可能感觉灼热的内疚或愤怒，因为你总是"受煎熬的"，以至于最后因为这种情形下的无助而让你感觉极度压抑。

你承受压力是因为你压抑和拒绝接受诸如伤害、愤怒或忧愁等重要情感。有些人想完全否认负面情感，认为这些反应是自我破坏的根源。这些人远远不承认他们的真实感觉。他们需要持续的关注、不断地谈话、暴食暴饮，表现出防御行为，把任何事情都变成一个问题。相反，如果认识到了负面情感并接受它，压力的强度和持续时间就会减少一些。

你产生压力可能有多个原因。当个别分析时，它们都不是很重要的，但是，一旦它们发生了，就显得重要了。你可能坐在车里15分钟都还没有把车启动。正当你不得不打算换一种交通工具的时候，引擎又运转了。当你到达办公室的时候，你发现你的秘书根本没有复印完你要在9点钟汇报的状况表。然

后，中午你与一个潜在投资家的约会也被无故取消了，整个下午被几个无关紧要的电话打断了工作，占去了绝大部分时间。回到家，你的孩子说需要开车去篮球场练习（需要走你想避免走的路）。你丈夫的飞机晚了一个多小时，当你们赶到一个饭店吃饭的时候，感觉你们就像一个个时间机器。这样的一天看起来是非常烦人和有不可避免的压力存在的，可以通过催眠治疗改善。你将发现重新编程是如何避免一天中的小烦恼聚集产生的。

如果你是一个女性，你可能经历PMS产生的压力。目前的推测显示，大约33%～50%的美国女性在18到45岁之间时都经历经期前综合征（PMS），PMS的生理的和情感的症状通常在经期之前的7～14天出现。生理症状包括对糖或盐的需求、疲惫、头痛、体重增加、肿胀、胸部变软。情感症状包括焦虑、迷惑、暂时记忆丧失、从乐观到绝望的情绪波动。此时，适当的营养对减缓压力非常有帮助，添加维生素B复合物能减轻症状。当饮食计划与催眠治疗结合起来使用时，PMS即使不能消除，也会有显著改观。

制订你的新计划

根据你要改变的行为，你的总体目标已经很清晰，它们是：

减少或消除你生活中的消极压力。

把新的反应整合到你的生活中。

做一个更平静，更有效，更健康的人。

这些就是你整体的目标。为完成这些目标，你必须重新编程你的潜意识，使你能够对旧刺激有新的反应。你需要：

接受让你感觉焦虑、愤怒的压抑感情。诱导暗示:"让你深藏的情感表露出来,看着这些情感,哪些你想保留,哪些你不想保留,立即保留你想要的情感,抛弃其他的。有时候感觉忧愁或压抑是完全正常的,这是一种善待自己的方式。时间会很快抚平那些感觉,让你感到自由。你可以接受或抛弃任何感觉,抛弃任何你经历过的感觉⋯⋯"

感觉不受外界压力和压抑的影响。诱导暗示:"你被一个保护罩保护着,保护罩让你不受压力的干扰,防止你受外界压力的侵袭。压力反弹回去,远离你并消失了。你感觉很好,因为你整天都被保护罩保护着,未受到压力和压抑的干扰。"

把新的反应整合到你的生活中。诱导暗示:"你现在对旧的刺激有全新的反应。"诱导过程中,你要插入一个刺激和一个新的反应。

完整诱导

现在,保留你需要的,抛弃其他的。有时感觉忧愁、压抑是完全正常的,这是一种善待自己的方式。压抑是一个治疗过程,所以让你自己忧愁、悲伤,当这些忧伤过去之后,便会释放自己。你在善待自己,时间很快抚平那些感觉,你会感到自由。你不再拥有这些感觉是因为你接受了或者完全抛弃了它们,抛弃了任何你曾经历过的情感。它们属于你,它们的来去由你控制,随你的需要而来去。

现在放松,继续放松,感觉你随你的情感放松了。现在认为你是一个拥有很多情感的健康完整的人。你被保护罩保护着,不受压力的侵袭。保护罩能保护你不受压力的侵袭。保护你,使你不受外界压力的侵袭。压力反弹回去,远离你并消失了,压力反弹回去消失了。无论压力是从哪里来的,或者是谁给你的压力,都会弹回去消失,弹回去消失。你感觉很好,因为整天都被保护罩保护着,不受压力和压抑的干扰。你感觉很好,度过了一天,你看见压力弹回去消失。外面压力越大,你的内心越平静,你内心感觉越平静。让内心平静下来。你是一个平静的人,你不受压力的侵袭。你以某种方式让自己舒服,你现在对过去的刺激有全新的反应。这个新反应让你感觉强壮、平静和自由。你的日子充满了成就，你因为这些成就而幸福。你自我感觉很好，是因为你有新的反应，并且因此让你的日子更幸福。你平静、强壮、没有压力。

期望和加强什么

每次你成功地重新编程对一个旧刺激的新反应的时候，你可以继续进行编程你列表上的下一个旧刺激的新反应。每个刺激有几种疗程是必要的。除了插入一个新的反应，你的压力减少诱导应保持不变，加强不受压力影响的感觉，确保你是一个更平静的、更健康的人，不害怕经历必要的情感。

在你重新编程了你所有的新反应之后，可以改编压力减轻诱导以满足你的个人需要。你可能需要截取出特别适合你保持压力的一部分，也就是说，一种小诱导作为在你特定的努力时的强化。

一般来讲，无论何时你发现压力又重新形成，你都应该使用完整的压力减轻诱导。如果你发现过去的生活方式又悄悄地回到你的生活中来了，那么恢复诱导，直到你不再需要它。

笑声治疗

在极度压抑的场所——医院、战场、灾难——自发的幽默是一种人们在无法忍受的情况下处理压抑、损失和焦虑的一种方式。虽然这种幽默是残酷的，但它发挥着作用。它满足精神和情感的立即需要，此外，它对身体也是有益的。它放松面部肌肉和肺、释放激素，促进幸福的感觉。

在老兵医院的催眠治疗中，病人们正在接受治疗，为再次回到集体做准备。压力减少和放松诱导使老兵的行为产生一个稳定的缓慢的改变。当把笑声治疗增加到压力减轻诱导中时，产生了一个强的、积极的行为变化。

催眠治疗师首先让小组成员回想一个有趣的情形，一个笑话或者喜剧电影。在诱导过程中，一些病人开始大声笑，笑声迅速变得有传染性，小组成员全都笑起来了。所有的病人都被激活了，微笑了。甚至那些过去曾极度压抑的病人也都笑起来了。最重要的是这种暂时的提高导致了加速复原，使大多数病人产生了永久的积极改变。

把幽默整合到你的诱导中，你可以使用过去发生的有趣的事、想象的幽默情形、笑话、喜剧演员的录音——任何你认为有趣的事都可以。你可以以类似于下面的暗示开始你的笑声治疗：

回想一个有趣的事情、一个喜剧电影、听过的笑话。想一想，让自己笑起来，感觉你的嘴角张开，让自己笑，感觉笑从你的喉咙出来，滚成一个热情的笑。感觉它在你的体内震动。当你笑完以后，感觉一种释放和幸福的感觉，让这种感觉伴随你一整天。

除了在压力减轻诱导中采用笑声治疗之外，你可以在你感觉需要缓解的任何时候做一个小诱导，否则你的一天将变得紧张。

增强自尊心和动机

"阿信很幸运，"阿德对他的妻子说，"简直不可思议。"阿德这样解释自己一再失败，而同事不断成功的事实。

当时阿德一边看报，一边和妻子吃早餐。他又读到一篇描写房地产经济疲软的思想深刻的文章。阿德非常同意作者的观点，因为在过去的4个月中，客户打来的电话越来越少，他一笔生意也没谈成。

阿德继续读报纸，心想不妨再喝一杯咖啡。当他到办公室时已经10点钟了，整整超过了规定的"踩点"时间一个小时。他浏览了一下他的电话留言，发现只有一名客户有兴趣看房子。他和助手把其他电话留言看了一遍，又漫不经心地把留言本翻了一遍。转眼到了11:30。阿德决定吃了午饭再回那个留言。他认为也许下午有更多的客户。阿德最后在3:45打了电话，却没人接听。他等到第二天再试了一次，找到了他的潜在客户。那个人非常生气，告诉阿德他已经找了其他经纪人，不需要阿德了。阿德骂了一句，然后就提前下班回家了。

接下来阿德开始旷工。他非常沮丧，想不起自己什么时候成功过。无论他什么时候给客户打电话，他都没有一点激情，注意力也无法集中。客户看房子的兴趣也烟消云散了。他的资金已所剩无几。更糟糕的是，他没有心思去上班。

阿信是阿德办公室的另外一名经纪人。他有许多潜在的客户。他不断地赚钱，也没有任何困难为客户提供资金。如上文所提到的，阿德认为阿信"简直幸运得不可思议"。

阿德打击自己，没有信心迎接挑战，认为自己是环境的牺牲品。他没有把经济疲软当作努力工作的动力，完全失去了积极性。

与之相反，阿信认为自己是成功者，即使是很渺茫的机会，他也全力以赴把生意做成。

他们俩的最大区别是阿信的自尊心很强，而阿德没有多少自尊心。

自尊心是影响你做的每一件事情的最基本因素之一。如果你的自尊心不强，那么你生活中的每一方面，工作，社交和爱情，都可能会困难重重。在这里，我们帮助你增强自尊心，提高积极性，逐步走向成功。其中会给你提供指导性的步骤，帮助你以积极的态度实现自己的需要和目标。

自尊心不强的根源

缺乏自尊心并不是在某一年龄时作为一种症状突然出现，但人们并没有正视这个问题。你可能对自己特别挑剔。你可能害怕尝试任何新的东西。你甚至可能这样解释自己取得的成功："我不过是运气好"或"他们错了"，或"任何人都能做到"。

这种自我贬低并不是意外，它不是凭空产生，它根源于过去。自尊心不强的主要原因是父母亲一直对孩子持有的否定判断态度。

由于大多数父母亲在某种程度上都是判断性的，因此这里有必要对导致问题出现的这种判断做出解释。这样的父母处处分门别类，认为你的行为要么"好"要么"坏"，要么"正确"要么"错误"。你在大学上了17门课，获得4个B，一个C，但是你一个A也没有得到，因此你的等级是"差"。你打球时没打中一个，即使你接到把对方得分压下去的关键球，你仍然是糟糕的球手。

你在你父亲的办公室接听电话，做记录，表现出良好的电话接听技巧，但是你没问清楚回电话的下午3点钟是加利福尼亚时间还是纽约时间，因此你是不称职的。

连续使用类似于上文的单方面归纳的父母亲是"凡事贴标签者"。打个比方，假设你是一名初中生，放学回家后一直和朋友打篮球。回家吃晚饭时你父亲问你家庭

作业是否做好,你回答没有。你父亲听了说:"你是我见过的小孩中最懒的,太懒了。"你父亲也可能会说:"我真不知道你在学校是怎么搞的,总想着和同学玩,而不是做作业。"你遭到指责,被完全否定。在这种情况下你是懒惰的,在其他情况下你是马虎的、笨拙的、愚蠢的、吝啬的、肤浅的,等等。

当然,标签表中的内容因人而异。有时候最严厉的责备却似乎隐藏得最深,也最容易被忽略。然而它们仍然存在,存在于你的某个潜意识中,影响你看待自我的方式,以及你的自尊心。

你继承了判断性父母亲的思维方式。在你的内心,有一个声音在指责你,你有一种内在的恐惧感。你可能害怕尝试任何新的事情,害怕改变,甚至害怕做日常生活中的任何事情。

李兰是一名29岁的母亲,在当地成人课程中教英语。由于工作需要,她晚上必须在高速公路上驾车。

有一段时间李兰遭受了生活的巨大压力,她开始害怕晚上独自驾驶——尽管她已有多年独自驾驶的经验。当她还是一名大学生,以及在铁路站场值晚班时,她就在晚上驾驶。而且为了目前的这份工作她已经晚上驾驶了3个月。她这样向她的朋友解释她的恐惧感:"莫名地,我觉得自己错了。我觉得自己在做坏事。"接着她就把自己的感觉和初高中时父母亲对她的警告联系起来:"你晚上最好别一个人开车狂飙,小女孩。你会撞到沟里,脖子会撞断,你在那自找苦吃。"

为完成大学学业和承担正常的责任,她把父母亲的命令深埋在心底。但是当生活中其他方面的压力越来越大时,过去根植于心底的恐惧便开始动摇她的意志力,削弱她的自信心。

害怕失败是一种停滞不动的情感状态,也是过去消极教育的产物。你对自己的成功不确定,因为你觉得自己不配。而且你告诉自己,如果你碰巧在某个层次成功了,你将不得不在更高的层次取得成功。每一次成功仅仅会带来难以忍受而又不可避免的失败。为了解决这一问题,你告诉自己,"还不如现在就失败,一了百了。"你预计持续的成功很难获得。实际上害怕成功与害怕失败是一样的,都阻碍了个人的发展。

最后,你的自尊心还因你对自我外表的看法而受到影响。这种看法可能会导致你错误地估计自己的潜力。例如,你认为自己的外表是一个不利的因素，你的行为举止，自我贬低的语言，表达（或未表达）的观点会处处表现出来。"我将和珍珍说同样的话，因为她自信，人缘好"或者"我是个外人，这些人不会对我的想法感兴趣"。

你不但不去承认自己身体上的局限，然后在精神上消除自己的不良因素，反之你认为自己本身就是一个失败。请看马丁和巴巴拉的例子。

马丁很肥胖，但平易近人，穿着整洁，他的问题很特别，尽管他控制饮食，但也无法减肥。医生证实他的体重问题很罕见，可能是化学物质不平衡的结果。总之他觉得自己陷在身体问题里面，特别敏感。身为一名社会学教授，他和同事相处时觉得很不自在。他经常找借口躲开，即使是很小的社交场合，因为他认为别人并不是真的想要他去。他们仅仅"出于礼貌"才邀请他。马丁想约会，但是他认为自己没有魅力，不会吸引任何人。他的价值体系已经扭曲了。

王可产生对自己的悲观想法与年龄有关。她是一家小出版公司的主编。她工作时觉得难受。48岁的她认为任何试图改变自己职位的努力都是徒劳的。实际上她问朋友："我满脸皱纹，怎么会通过面试呢？"她认为自己是一名疲倦的中年妇女，现在还没有自己的公司，一事无成。尽管王可非常有经验，惹人喜欢，有魅力，但她仍然无法鼓起勇气到更有发展前景的公司去面试。

如果能从新的角度来考虑问题，马丁和王可两人都会获益匪浅。如果马丁对自己说"我这个人体贴，热情，聪明而又忠诚。如果有机会许多人会来关心我。他们会认识到我的为人，而不是注意我的体重"。他的生活会更加快乐。

如果王可对自己说"我的能力和经验正是许多公司所寻觅的。48岁的人生历程赋予我非凡的能力，广泛的兴趣，有效的交流技巧和成功的组织才能"。她也同样能够获得成功。

这种积极的状态是自我接受的表现。马丁和王可需要接受自己的外表，这样他们才能把注意力转移到自己的精神、社交和情感特质方面。

这两个例子说明缺乏对外表的自我接受所造成的后果。自我接受和你以前的行为同等重要。在对自己进行这方面的检验时，你必须说："无论我做什么，我的行为都是生命中此时此刻的我的表现。"你的行为是你过去的历史、你的文化和你的习惯的产物。它是你在特定时刻的独特的自我。你的任何选择都是你在选择这一时刻前所有意识的总和。这种接受首先要求你接受作为一个人的意义。

当自我接受成为你心理因素的一部分，当过去的消极教育被消除时，你就能在日常生活中享受一定程度的自由——从自我退化的禁锢中解放出来的自由。

树立自尊心的新计划

你的主要目标是提高自尊心，不仅仅是今天、明天或下个星期，而是永久。一种办法是通过催眠法重新树立你的潜意识。具体来说，你需要做到以下几点：

1. 消除过去消极教育的影响

你需要摆脱父母亲认为你"坏"，错误的，笨拙的或愚蠢的评价。你需要积极地看待自己，排除你肩上（或潜意识中）承受的指责。自尊法建议你，"黑板上写满了过去人们对你的不利评语，看着黑板，现在拿着橡皮擦，从黑板上擦去这些评语，每擦去一个，就有一个对你再也没有任何意义……"

2. 改善你的自我评价

自尊法建议你，"人们认为你是一位好朋友、好职员。他们认为你是一位好人。想象自己对同事、老板或雇员说话，娓娓而谈，人们对你所说的话非常感兴趣，人们注意你，认为你非常不错。在想象中以最积极、肯定和自信的方式评价你自己。"

3. 提高自信心和自我接受的能力

自尊法建议你,"想象自己高高地站立,为自己而自豪,想象你自己所有的积极方面,包括你的创造力,你的聪明才智。想象自己很有信心,对自己的能力、才智和魅力非常自信。"

4. 改变处理具体问题的角度

你需要停止为自己设立路障。你需要改变看问题和处理问题的方式。例如,你不再说,"我做不到。""我不够聪明无法理解。""我没有精力。""我太年老了。""我无法改变。"反之,自尊法建议你这样想:"我能做到。""我有精力。""我是工作的合适人选。""我能够承担责任。""我能理解这个问题。"

运用意念法

想象黑板上写满了过去人们对你的不利评语,这些评语妨碍你的进步,没有反应你精彩的、坚强的、优秀的品质。现在看着黑板上这些评语,想象拿着橡皮擦,从黑板上擦去这些评语,每擦去一个,就有一个对你再也没有任何意义,一点意义也没有。现在黑板上是空白的,你写下你想写的任何东西,现在拿起粉笔,写下描绘自己的词语。你写下自信的、有价值的、重要的、有能力的和熟练的词语。

现在写下其他描绘自己的词语。注视着这些词语。现在想象自己高高地站立,为自己而自豪。你的行为举止、思考方式都不错,它们造就了精彩的你。想象自己体验新的、健康向上的能量来帮助自己实现梦想。

想象自己是一个积极的、有价值的人。想象你自己对同事、老板或雇员说话。想象自己自信,非常自信,你确信自己的能力,非常确信。想象自己很有信心,对自己的能力、才智和魅力非常自信。你与他人娓娓而谈,非常自在,人们对你所说的非常感兴趣,人们注意你,认为你非常不错。

连续4周每日使用意念法。你会注意到你的自我意识、自尊心和自信心有明显的改变。无论什么时候你觉得有必要加强时就使用意念法。

动机层次

一旦你的自尊心加强,你就会向更高层次的动机努力。"更高层次的动机"意味着你在某种层次上已经有了动机,或在某些方面是。心理家曾对人们的动机层次做出了解释,其中包括从生理到心理上的5个层次。如下所示:

层次1. 生理的：食物，饮料，睡眠和性的需要。
层次2. 安全感：被保护，远离恐惧的需要，机构和秩序的需要。
层次3. 归属感和爱：社会交往，朋友，家庭和亲密关系的需要。
层次4. 自尊：来自他人的尊重和自我尊重的需要，价值感和重要性的需要。
层次5. 自我实现：发展，发掘潜力的需要。

你发现动机已经存在于你生活中的某些方面，也就是说，你已经有了层次1的动机，毫无疑问你也会获得你个人的安全感，如层次2所提到的。层次3是基本需要到更复杂需要的转变。层次4中的自尊在这一章的前半部分已经讨论过，因此这里重点讨论层次5，这个层次的动机会促使你取得成功。

为了提高你的动机层次，最终走向成功，你需要消除对失败的恐惧。你还需要确立目标。当然，目标就是动力。目标还会帮助你确定发展的顺序、体验完成感。

1. 确定顺序

你可能清楚在同时做许多不同的事情时，你什么也做不了。也就是说，你不能一边设计新的电脑程序，一边为大学扩招班准备演讲，同时又处理程序部门的混乱。毕竟，任何结构整体本身就是一系列优先事物。它让你有可能在某种程度上发展或实现目标。

你可能注意到顺序的必要性。例如，你是一名陶工新手。你的未来目标是在附近的艺术家社区教授陶艺工艺。如果在你开始学徒之前就开始计划你的个人展览，是十分荒谬的。

因此你可以这样设计你的目标实现方案：（1）从阅读，教导和学徒学习中获得知识。（2）独立工作，同时向这一领域的专家寻求建议，探讨观点和获得批评意见。（3）与展览馆的负责人或所有者签订合同。（4）提交你准备展览作品的幻灯片。（5）展示你的作品。（6）向附近艺术家社区提交教授陶器工艺的申请。

2. 体验完成感

你要领悟到你的工作不会无限地持续下去，它终会有结束的时候。就生命本身来说，如果我们觉得它会永远延续下去，它也会让我们感到困惑。适度地工作或在一定时间范围内工作可以提高效率。

重新体会了目标的作用后，就应该制定自己的个人计划。

确定目标

为了提高成功的动机层次，你有必要确切地知道对你来说成功意味着什么。你需要描述你的目标。下面的例子描述了不同行业和环境中的人的个人实际目标。

金融公司的助理金融师：我的目标是在一家大型金融公司获得职位，并且在可接受的时间内有可能提升到金融师，然后提升到资深副总裁。

催眠理疗师：我的目标是集中精力准备演讲和参加会议，主要是以健康为题的商业研讨会。

书画艺术家：我的目标是雇人专门处理粘贴和编排工作，这样我就可以集中精力从事大画和包厢设计工作。

服装公司的销售代理：我的目标是在这家大公司尽可能的多学，然后开一家经营自己设计成果的服装精品店。最后，我把自己的产品销往其他商店。

博士生：我的目标是在6个月内写完博士论文获得博士学位。然后获得教授职称。

请注意，所有的目标都有一个确定的方向，都有内在的动向感。助理金融师在向外向上转变；催眠理疗师走向一个更集中、更窄的领域；书画艺术家脱离工作同时又把领域缩小到两个专业范围；销售代理从大公司走向小公司，发挥自己的创造力并开创自己的事业；博士生积极向上地努力。

现在看看你自己的目标。仔细思考你想取得的成就，然后写下来。

目标与奖励结合

伴随目标必须有这种或那种形式出现的奖励。成就感来自下面的奖励：

- 自豪感。
- 满足感。
- 知识，情感或社交层次的成就。
- 物质收获。
- 发展带来的满足感。
- 内在或已学技能和才能的发展。

回顾这个列表，问自己追求的是哪种（或哪些）奖励。你的奖励可以是上面其中的某一项，也可以完全不同。你的奖励和你的目标一样独特，只要对你有意义就是有效的。

当然，没有积极的态度是不会取得任何成功，也不会实现任何目的的。这一点与你所了解的积极计划和其他相关因素——增强的自尊心和自我接受能力直接相关。

为了清楚地了解你的态度如何影响你的成功动机，请检测自己对下列问题的反应：

- 我能够受到表扬吗？
- 我应该从事更专业的工作吗？
- 我值得获得此荣誉吗？
- 我的内在才能值得开发和投资吗？
- 更多的幸福对我来说可能吗？
- 我是管理或经营的合适人选吗？
- 我应该过更舒适的生活吗？
- 我应该拥有更高的收入吗？
- 我是那种可以在人群当中激发热情的人吗？
- 我能保持自己的优势吗？

为了跳跃到成功的感觉，你必须明确自己是值得成功的。自尊心意念法和成功动机意念法帮助你把自己想象成一个有价值的人，一个值得实现自己目标的人。

制订成功计划

现在让我们来看成功动机意念法如何帮助你实现以下3个目标:树立成功的动机、获得成功和享受成功。

积极的态度和观点在自尊意念法中曾详细谈论过。自尊意念法是全部意念法的一种。成功动机意念法也强调过积极的态度和观点,它建议:"想象自己是谁也无法阻止你成功以及成为你梦想的成功人物。你远离过去的压力,你自信,有把握,觉得受到重视和坚强……"

1. 你必须努力实现具体的目标

成功动机意念法建议,"想象你想实现的目标或计划。你的目标是……放弃所有不重要的目标,集中精力实现一个目标或计划。全身心地投入到工作中,实现你的目标。"

2. 你必须把成功融入生活中去并享受成功

成功动机意念法建议,"你是快乐的,你对他人是体贴的,你是乐于助人的,你的成功对所有人都有帮助。你成功了,感觉良好,并以最积极和有价值的方式运用你的成功。你每一个选择和决定在现在看来都是绝对正确的。想象自己是成功的,有许多精彩的道路等着你,你知道你能继续你的成功,继续选择,提高你的生活品质。"

成功动机意念法

想象没有谁能阻止你实现自己的目标和成为你想成为的成功人士。想象着完美的一天:你醒来知道一切都好,一切都明朗。你感觉不错,平和而满足。你在自己创造的小天地里,感到舒适安全,现在你准备扩大你的舒适范围。想象自己跨越障碍,跨越自己设立的障碍,同时你的视野越来越开阔,你的目标不断延伸,越来越高,你对你的新目标感到舒适,对你扩展的天地感到舒适。你觉得安全,可靠又高兴,你自身有控制能力去改变,改变你的缺点,成为你想要成为的成功人士。

你感觉不错,平和而满足。现在想象有特别的一天,将来的某一天,一天或两天,一个星期,一个月后,仅仅是在将来,想象你已经解决了许多矛盾,许多问题,现在他们都属于过去。想象脸上的笑容,你平和,满足,你发现了问题的解决办法,你已经解决了问题。现在你不再有过去的压力,你自信,自我肯定,你觉得受到重视,坚强。现在想象你想要实现的一个目标或计划。想象自己把所有不重要的目标放在一边，集中考虑一个目标或计划。你把精力投入到你的工作中，想象自己已经完成它。你看到新的机会，你看到新的挑战比原来的更加令人兴奋。你想象自己充满全新的能量，你充满激情，集中精力，全神贯注，新的思想从旧思想中发展而来，新能量和积极的感觉已经出现，你是成功的。你实现了你的目标。想象自己值得拥有生命中所有的美好事情。实现目标对你非常有益，当你继续实现你生命中的目标的时候，把他们看作是对你、你的家人、朋友、你工作的同事有利的事情。想象自己全身心地投入到目标的实现中，成为你值得成为的成功人士，然后停留片刻回顾你已经实现的其他积极目标，它们对你和你周围的人都是有帮助的。现在想象自己已经成功。你在成功中感到舒适，你以最积极和值得的方式运用你的成功。你值得成功，想象它，感觉它，你是成功的。你思维清晰，你想象自己如在现实中一样聪明，有创造力，漂亮（英俊）。你有许多选择，许多机会，无论你选择什么，无论你选择哪个方向，你知道对你都是有利的。你的成功对你和你生命中的每一个人都是有益的事情。你的每一个选择，你选择的每一条道路对现在的你来说都是绝对正确的。现在仅仅清楚地想象你自己，不远的将来，你有许多积极的方向和选择，把想象带入现实中，想象自己解决了问题，想象自己自信而又成功，有许多精彩又积极的道路等着你，你知道你能够继续你的成功，继续选择，进而提高你的生活品质。

随后事宜

每天使用意念法，坚持一个月左右。当你注意到明显的进步时，可以减少到每星期强化一次。对大多数人来说，第二个月都可以取得明显的进步。以后，无论你什么时候需要，随时都可以把催眠法作为"维持体系"来运用。

开始你可以记"成功日记"，记录你生活中各方面成功事例的日记。每一次由于自尊心和动机加强而取得的点滴收获和成就都可以记录下来。例如，每一次有人询问你的观点，倾听你的谈话和采纳你的建议，每一次你受到表扬，或仅仅你觉得自己的言谈举止更加自信，你都可以记录下来。大的成就来自细微的收获。集中于你的成就里，不要因为你没有实现的目标而责备自己。

提高记忆力和学习能力

很多人都存在学习问题：我们感到烦躁不安，无法全神贯注投入学习，想要到外面去——任何地方都可以——就是不想看书。之后，当我们最终静下心来认真学习的时候，我们却又发现自己刚学到的知识几分钟之后就忘得一干二净。

催眠常常用来解决这一问题，并且具体方法多种多样。首先，催眠师要使患者拥有学习的心灵状态。他的年龄或学习科目都不重要，重要的是他有学习的渴望。有经验的催眠师会借鉴学生本身的学习风格，然后在此基础上发展。催眠师会在学生处于恍惚状态时告诉他，他会感到心情放松、平静、乐于学习，并且他能够记住并理解学习的新知识。

下一步就到了学生们不得不参加的考试或测验。最令人头疼的是，学生在面临考试时神经紧张。学生普遍都有这种感觉。他也许埋头苦读了数小时，对考试科目已是倒背如流，可是一面对空白的试卷，大脑也立即变得一片空白。于是他开始恐慌，几乎想不起来任何东西。

催眠有助于克服这一常见现象。学生在考试前接受几次催眠治疗，催眠师在治疗中暗示他的无意识心灵说：你在考试时会感到平静、放松，能够完全掌控自己的思考过程。你会保持头脑清醒。最重要的是，你能够记得自己所学的点点滴滴。除此之外的暗示还有：你在考试完毕后会感觉平静满足，认为自己已经尽力而为；这可以避免考试后恐惧。在考试时正常发挥极为重要，因此任何患有考试神经紧张和恐慌的人都应当考虑尝试催眠疗法，这确实有效。不过要记得，催眠本身不能使你成功通过考试，你必须要付出努力、认真备考。

催眠似乎还可以从心灵深处找回已经遗失的能力。一些观察性证据表明，在年轻时会说一门外语但以后又忘记了的人可以在恍惚中恢复语言能力，并在之后的日子里保持这种语言能力。

催眠的另一用途是帮助人们学习速读。学生使用催眠和速读技巧经常可以使阅读和吸收速度加倍，同时还能成功记住信息。

催眠的一种不太为人所知的用途是作为其他科学领域的研究工具。研究者先使主体进入恍惚状态，然后复制诸如酒精中毒等自然现象，这样他们就可以对这一状态进行研究。

47岁的赵先生是一家银行的借贷员,他决定换工作。他正在为成为股票经纪人努力学习,一旦拿到资格证一家证券公司就会雇佣他。

在学校学习一个星期后,赵先生计划星期六"学习一整天"。他一吃完早餐,就在客厅里找了一把舒服的椅子坐下来,开始看书。10分钟后,他的儿子走进来,问他是否能够打开PSP看看游戏得分。15秒钟后,他俩全神贯注打起了游戏。

过了一会儿,赵先生的意志力战胜了他,于是他把书拿到院子中去看,让儿子看电视。翻了几页书后,他开始走神。他想院子里该浇浇水,打开洒水器后他又进屋拿了一瓶啤酒,然后回到院子的椅子上。总之,他星期六整天只用了40分钟来学习。

赵先生的智力并没有问题,但是如果他的学习习惯不改变,他就不可能通过证券资格考试。在这种情况下,赵先生的学习问题是没有选择合适的学习环境,没有制定完成任务的时间范围,成功的自信心也不够。

通过使用催眠法,所有这些学习问题都可以被解决。

影响因素

有多少人学习就有多少关于学习（或不学习）的理论，从托尔曼的复杂公式到柏拉图的学习仅仅是发现我们早已知道的事物的论断等。在这里，我们讨论学习过程和分析阻碍成功的因素。

阻碍成功的主要因素是自尊心弱和缺乏动机。其他因素还有：

- 不良的学习习惯。
- 记忆力弱。
- 缺乏奖励。
- 药物。
- 恐惧。

为了清楚你的学习问题，仔细地阅读每一个影响因素。想想哪个与你的学习过程有关。

不良的学习习惯。不良的学习习惯包括内在因素和外在因素。内在因素指你不知如何有效地利用时间、集中精力和付出行动。结果会导致你的精力和情感不必要的浪费。例如，你要参加考试、进展报告会、销售会——任何需要准备和筹划的学习行为——你拖延的话就会成为痛苦的、自我惩罚的过程。反之，你在最后期限之前慢慢地做，任务就会相对容易得多。

时间的有效利用并不是一个复杂的、厌烦的过程。它仅仅是把你的整个任务分成可行性部分。这适用于任何学习任务——法律考试的复习、年度报告的研讨、20世纪文学口语考试的3位小说家的作品学习。你的学习任务好比冰块，整块放在口里无法吞下，但是分成小块就很容易。

不良学习习惯的外在因素指你学习环境的物理位置和你与它的关系。研究不良学习习惯学生的心理学家发现，如果学生遵循以下3点规则，他们的学习效果将得到大大提高。

- 选定一个专门学习场所，并坚持使用。
- 消除任何外在干扰。
- 一旦你无法集中精神马上离开学习场所。

催眠法可以直接帮助解决后面的两点。一些外在干扰很难甚至不可能消除，大厅里你室友聒噪的鹦鹉或声音很大的音响就是这样（但是你可以学会运用催眠法排除声音的干扰）。

当然，如果你的外在干扰因素是你的小孩、你的伴侣、或其他与你关系亲密的人，那么你的计划学习时间要与那个人的日常作息时间正好错开。你无法期望和你同住的人按你所愿地去来。你制定的计划应该是合作性的，没有干涉到他（她）的权利。

最后一条规则要求当你的注意力减退时离开你的学习场所。这一点可以通过设定时间范围来调节，这要求你设定的起始及结束时间和你的注意力持续时间保持一致，然后你在这个范围内工作。例如，你让自己集中精力上午学习，在你的催眠后建议中你可能规定自己8:30开始，中午12:00结束。没有时间限制会让自己精疲力竭。

另一方面，如果你无法集中精神就不要等到结束时间。当你无法看下去时就应该停下来离开学习场所。这样你和你的学习场所就会保持一种积极的关系。在你的眼里学习场所是一个成功的富有成效的地方。

记忆力弱。一位教授在同事家吃完饭后夸夸其谈。主人和他妻子听得很厌倦了，而他还在继续讲个不停。最后主人说："唉，时间不早了，我明早还有课，我想我不得不请你回家了。"

"天啊，"心不在焉的教授回答，"我以为你们在我家里，我正要你们回家呢。"

像这位教授记忆力这么差的人很少见。但是如果你发现记忆或回忆你的学习内容非常困难时，你也就是众多有记忆力问题中的其中一个。

人类有3种记忆力，分别属于大脑的3个部分。第一类是感觉记忆，关于事物的外形、气味或感觉。第二类是动作技巧记忆，关于如何表现身体动作——滑雪、骑自行车、跳水或舞蹈。第三类包括词语、思想和概念。它包括一切你所想到的、听到的和读到的。

前两类比词语、思想或概念的记忆更持久，当然，后者在学术性学习中发挥着最重要的作用。为了使你的第三类记忆发挥最大的潜力，以下简单办法可以帮助你记忆和回忆材料内容，无论材料的具体性质是什么。

自我测试。当你在读、在想、在听材料的时候，停下来问自己主要内容是什么，轻声或大声地把要点背诵出来。如果不能背诵，重新回到要点复习。立即回顾的过程比重新阅读全部内容效果更好。

定期复习。在学习的最后阶段，对学过或记过的内容马上进行总体复习。经常和短时期的复习有助于对内容的长期记忆。长时间的、延长的、含混不清的突击记忆不能有效地保持记忆。

任务之间的间断。有研究表明,在记忆时,两个任务之间有间断或休息要比没有更容易。理由是原来的学习会干扰新的学习,大脑在接受新的信息之前需要时间来吸收原来的学习内容。例如,你不能复习心理学考试后立即背社团戏剧的台词。

把睡眠当作"封口"。乍一看,这个建议对那些想找借口把头靠在法律书上小睡的人们是一个好消息。事实上是,在睡觉之前要比在开始各种日常活动之前记忆力更好。一些理论表明睡眠和有效记忆之间存在着联系。睡眠就像一个过滤器,把与主要内容无关的都会过滤掉。

在你的一生中,你会储存数不清的信息。有些大,有些小。例如,你的个人储存银行里储备了50000个词语。有些很容易得到,其他一些不得不搜寻,但是它们都是可用的。

记忆材料的意义性有助于记忆的过程。研究表明,人们在记忆实际意义的单词时要比记忆同样数目但无意义的单词效率更高些。同样,如果你赋予任何材料一定的意义你就能很快记住。

在面临一个学习任务时,你做的第一件事就是把学习内容(在脑海中或纸上)组织成一个有意义的整体,这样做起来更容易。例如,如果学木工、

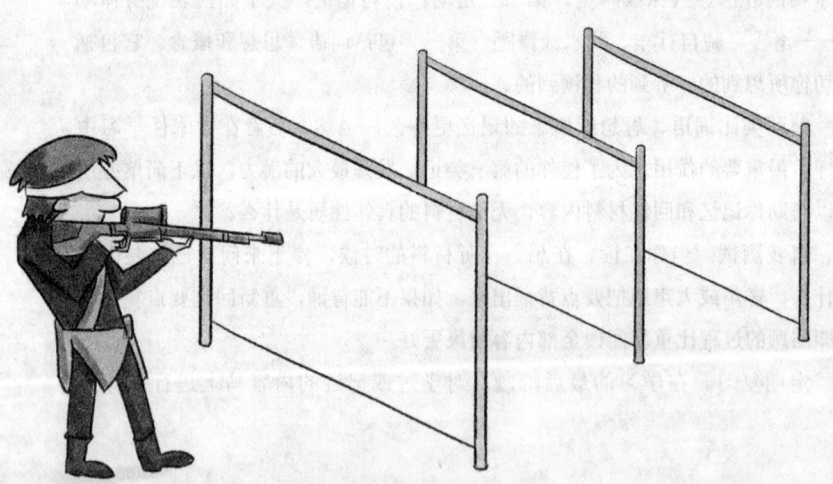

汽车修理、制作彩色玻璃或缝纫时，你应该组织下面的信息：需要的工具或材料，学习的基本步骤，希望达到的结果，更有能力和更快的特别窍门。

如果你开始参加西班牙基本会话的速成班，你可以把你需要了解的内容组织成"生存"技能，如基本的问候、吃、睡、洗手间设备用语和提示。然后，你可以学习社会文娱设施用语，如何表达观点，等等。

材料以逻辑的形式来组织可以帮助记忆。如果在学习英语课的小说或戏剧，你不要把精力放在每一个细节上，而忽略了主题和情节。相应地，你应该记住最粗象的概念、主题，然后缩小到情节事件，再转移到其他方面，如人物、对话、背景或象征手法。

缺乏奖励。没有预先给自己某种奖励，无论多么小。你每天跑3公里，你的气色看上去越来越好。你表演或演讲出色会有掌声。你把时间和精力投入到领养父母亲项目上，你每天因小孩脸上自然的笑容而充实。

就奖励来说，学习和其他活动没有差别。如果学习没有任何收获，学习任务就会很难。如果你能预料到奖励，你学习的决心就会加强。因此，如果还没有给自己预期的奖励，现在构想对自己的奖励会大有收获。

攻读硕士学位的老师承诺自己成功地写完论文之后就背上行囊去旅行。在集中学习一周后你可能奖励自己和朋友去游玩几天或看戏剧、听音乐会。为了有精力继续你的学习过程奖励不要让自己很累。

你还需要花时间想想哪些方面自己有了进步却没有意识到——提高的市场销售能力，增强的自尊心，另一个领域的技能或改善他人生活的价值，你应该奖励自己。

你把对自己有用的奖励挑选出来，不要欺骗自己。如果你没有看完董事会将讨论的建议，即使答应了自己也不要去打网球。

药物。长条单子的处方药会抑制你的学习能力。判断药物是否有助于你的学习的最好办法是和处方医生讨论或向药剂师询问药物生产厂家的书面证明。这些信息有时会和药物自动配在一起，如避孕药或止痛药。

恐惧。恐惧是无形却强有力的因素。如果发展到极端，它会把你已经成功记忆的内容抹掉。在前一章讲自尊心和动机时讨论过恐惧。阻碍学习的恐惧感是催眠法的主要对象。学会放松，体验自信的感觉，暗示自己成功，你就会摆脱恐惧。你的暗示语是给你精神支持的词语或短语。你对自己说"优秀是唯一的可能。"你的潜意识中有了这些暗示，你会为成功而努力。

确定阻碍因素

为了获得学习的最大效果，你首先要处理自尊心和动机问题。没有自尊心就很难有很强的动机，动机不强学习过程就会受到影响。在准备提高自己的学习效率之前一定要考虑这些因素。

在阅读学习不成功的原因时，你可能已经找到妨碍自己学习的因素。改变学习状况的第一步就是决定主要是哪个因素——不良的学习习惯，记忆力弱，缺乏奖励或恐惧——影响了你过去的学习。然后简短地描绘这些因素。例如，你的陈述可以类似于下面：

我的学习不成功是因为我有3个学习场所——我家里的厨房，通勤火车上，兼职工作场所。

我的在岗培训不成功是因为我从过去的经验中了解到我的雇主不允许其他人运用他们所学的技能。

我的销售陈述不成功是因为我无法记住我计划所说的内容。我遗漏了重要的数据，忘记描述新产品。

所有这些消极因素写出来后，下一步是把它们转变为积极的建议，例如：

我在一个地方进行所有的学习。它就在学校图书馆3楼窗户边的桌子旁。

我认识到我在岗培训的奖励是我学到了其他技能，这段经历将使我作为雇员更适应市场。在岗培训结束后，我就参加去年秋天就想去的健身班。

我会记住我的销售陈述因为我时而停下来背诵我的材料。我将花少量的时间复习所有的陈述内容。在陈述前的晚上我先大声地朗读然后再睡觉。

现在，按照上面的例子写下影响你学习过程的因素，并进行简短地描述。

接下来，再写下对每一个因素积极的建议。注意例子中的积极建议必须个人化，并且是肯定和命令性的。

制定计划

你已经确定了导致你的具体问题出现的因素，也给出了积极的建议解决这些问题，然后你需要关注你的总的目标。无论学习困难的具体原因是什么，总的目标对每个人是一样的。这就是：

1. 把学习过程当作一次机会,并积极地看待它。
2. 改变影响学习过程的不良习惯和步骤。
3. 增强自信心和自尊心。

重建潜意识

这一部分的意识法帮助你以某种方式思考、感觉和行动。它们给你提供积极的、指导性的建议,重建你的潜意识,实现上面列出的目标。具体来说,你需要:

以积极的态度看待学习。对学习的消极态度会妨碍你努力。如果你觉得全部的学习是不必要的,你不一定要成功,也许你就是你潜意识中过时的、无用的指令的受害者。如果是这样,就需要抛弃。为了改变过去的消极想法,总的学习意念法建议:"一名运动员必须学会动作的每一步,他在比赛表演之前必须学会全过程。你是开始学习提高学习技能的运动员,从而实现你的目标。你想象自己每天集中精力学习,全神贯注,你热情又急切地学习因为前途是光明的。"

潜意识中用新的成功习惯和步骤代替破坏性的不良习惯。你的潜意识喜欢习惯和模式。你可能发现你的潜意识判断力并不是很强。你只要把时间和精力用来再喝一杯咖啡,做做白日梦,你就会朝图书馆早早奔去。具体的意识法可以改变某些行为模式。

例如,不良学习习惯意识法建议,"你在某一刻开始,结束。在这段时间内你完全投入到你手头的工作。"考试恐惧意识法建议,"放松你的胃、胸、喉咙和呼吸。现在开始考试,注意力集中,头脑清晰敏锐,你能迅速准确地回忆起你复习的内容……"

增强自信心和自尊心。如果你觉得你自己不值得成功,不是一名好的学习者,或者你"不够聪明",你就会在毫无知觉的情况下与成功无缘;或者,你可以成功,但是你在打一场拉锯战,非常费力和辛苦。你通过加强自尊心,重新树立自我形象,可以轻松地获得成功。总的学习意念法建议,"你对自己的能力充满信心,由过去的学习看来,你聪明,接受能力强。你才华横溢,想象运动员在比赛中完美的表现后,跑得最快,获得最高分时的感觉。想象自己是一名杰出的运动员,成功,快乐,因工作和一贯的表现而受到奖励。你对自己充满自信,感觉良好。"

设计你的整体意念法

现在你已经清楚意念法的作用形式。你将运用适合你需要的整体意念法。

你运用的意念法有4个部分,是一个连续的整体。也就是部分之间连接自然,成为一个有效的整体。从改善学习习惯意念法、提高记忆力意念法,奖励意念法和排除考试恐惧意念法中选择一个适合自己需要的意念法,在这个意念法中插入你为自己写下的积极建议。紧接着运用具体的学习意念法来实现你的积极建议。

在运用中,重复具体意念法中的关键词语,然后再次重复整个意念法。

具体学习意念法

选择最适合解决你学习问题的具体学习意念法。

1. 改善学习习惯意念法

你将体验完全成功的学习阶段,完全成功的学习阶段,现在想象自己准备学习的舒适状态。你把材料、论文、书一一摆在面前,吸气,呼气,然后放松。又吸气,呼气,然后放松。你开始着手你面前的工作。在某个时间段里,你完全投入到手头的工作,因为你热情又急切地获得你所需要的工作。你全神贯注,当你沉醉于你的学习中时你身边的所有正常声音都消退了,你感觉平静、放松,没有什么能打扰你,你的工作状态达到顶峰,吸取你需要的所有信息。当时间到了的时候,你的潜意识中有个信号提醒你,告诉你完成了你的工作,你深呼吸、放松,精力充沛地做其他事情。

2. 提高记忆力意念法

想象自己在特别的地方度过一天。想象自己放松,微笑,感觉舒适,感觉非常舒适,此刻想象你关注的所有事情都远离你,想象自己躺下来,伸展四肢。

此刻任何事情都不重要,任何事情都没有影响。你给自己放假,放松自己。你发现一天缓缓流走,你觉得如此地懒散,如此地凡事放松,这时你发现一张很大的白纸随着微风飘浮过来。这张纸朝你飘过来,停在你旁边,你拿起来读,上面有你需要的所有信息,你学过的所有信息。现在你记住你学过的所有内容。将来你也能记住。你需要的内容将会清楚地打印在一张白纸上,无论你什么时候需要回忆其内容,你就想象那张白纸,想象白纸上的准确内容。从现在起,无论你什么时候需要你学过的内容,你需要的所有消息都会写在那张很大的白纸上。它会在那,因为你记住了,它对你来说是清楚的,它会在那。

3. 奖励意念法

任何时候你的学习都是为你自己的个人知识宝库添砖加瓦。你学的任何内容都能储备,并能在你需要的时候运用。你可能发现你现在所学的非常有用,非常有价值。最重要的是你学的任何内容都能储备,并能在你需要的时候运用。当你完成这个学习任务,当你完成你的学习任务、你的博士论文、你的护士培训或你的州寄宿学校考试时你就奖励自己。当你工作时你意识到你将得到这个奖励,考虑彻底完成你的工作,好好表现,得到这个奖励。考虑完成你的工作,知道你的工作做得非常出色,非常彻底,完全有资格得到奖励。现在想想做完你的任务,记住你学的任何东西都会提升你作为人的意义,增加你的知识,你的价值。

4. 排除考试恐惧意念法

想象自己在考试前几天或几周,你学习、记忆,获得你需要的所有正确信息。你自信、放松,现在感觉你的胃部、你的喉咙、胸部,如果感到紧张或心慌,放松。

现在再来一遍,想象自己在考试前,想象现在你已经准备好,你学习了,一切就绪,你感觉放松,平静,从容。现在想象自己进入考场,你坐下来,深呼吸几次,给自己一个暗示语,当你轻声重复你的暗示语或词组时,你能感觉到你放松的每一块肌肉,你的膝盖、胃、胸、喉咙、呼吸——放松。现在你开始考试,注意力集中,全神贯注,你的思维清晰敏捷,你能迅速回忆起你需要的所有正确内容。你轻松地回忆,你的身体放松,你感觉自在,你富于技巧地、自信地、彻底地完成你的考试。时间充足,你感觉很棒,你觉得自己是一个成功者。现在想象考试的结果非常有利，想象自己成绩出色，感觉舒缓、放松、平静。

总的学习意念法

开始想象自己是一名好学生，优秀的学习者，效率高的学习者，想象自己是接受训练的运动员。一名运动员必须学会动作的每一步，他在比赛表演之前必须学会全过程。你是开始学习提高学习技能的运动员，你要实现你的目标。现在想象你在自己选择的学习场所。非常舒适，你感觉自己在这里非常舒适。想象你在自己选择的学习时间里开始学习，你的注意力集中到你的工作上。当你的注意力集中到你的工作上时，你忽略了你身边的所有正常声音。你开始全神贯注，吸收你需要的所有信息。

你记住你吸收的所有信息，无论从什么时候需要你都能又快又容易地回忆起来。当你需要时它就在那，能够又快又容易地获取。你对自己的能力充满信心，由过去的学习看，你聪明，接受能力强。你才华横溢，热切地实现自己的目标，你想象自己每天集中精力学习，全神贯注，你热情又急切地学习因为前途是光明的。现在想象你已经成功获得了你需要的信息，你感觉自信，从容；你感觉很棒，很精彩，对自己充满信心，感觉良好。

随后事宜

每天在学习前使用整体意念法。在学习习惯得以改进后，你需要减少使用意念法的频率。在运用后的第一周注意自己学习技能的提高。

在准备考试时，注意提前并在考试前的晚上使用意念法。

特别提示

正如前面所强调的，没有恰当的动机学习会非常困难，而动机又和自尊心紧密联系。如果你能认识到3者同样的重要性，你就能取得最大的学习效果。

重建你的潜意识时，记住很重要的一点，选择学习的开始时间，也要选择学习的结束时间。如果你只选择开始时间，你的潜意识不会暗示你停止，那么能量一直会流失，即使在你想结束后。这样你很快会累跨。

最后，在你紧张的学习过程中有很"奢侈"的一点你可以考虑。"奢侈"在于有一位学习伙伴（或多位学习伙伴）。这并不是意味着你必须找一个人共同学习；而是指学习同伴可以让你获益匪浅。如果你交往的人和你有共同的目标，或熟悉同样的专业，或认可你争取的目标，会对你大有帮助。

许多专家认为，任何催眠在本质上都是自我催眠，其实你并不一定需要别人才能诱导自己进入催眠状态。催眠的基本要素——使自己进入恍惚状态并施加暗示，都可以学习并直接应用。你可以自己催眠，或者请催眠师，还可以把有效的催眠诱导和暗示的技巧录制在磁带或CD上。本章将讨论如何简单安全地把自己潜意识的潜能释放出来，并自己去寻找催眠蕴涵的巨大力量。

什么是自我催眠术

许多专家认为，任何催眠在本质上都是自我催眠，其实你并不一定需要别人才能诱导自己进入催眠状态。催眠的基本要素——使自己进入恍惚状态并施加暗示，都可以学习并直接应用。你可以自己催眠，或者请催眠师，还可以把有效的催眠诱导和暗示的技巧录制在磁带或CD上。本章将讨论如何简单安全地把自己潜意识的潜能释放出来，并自己去寻找催眠蕴涵的巨大力量。

本书前面一直讨论由别人诱导的催眠，这种典型的治疗者对病人的催眠被称作为他人催眠。接下来我们将讨论另一种催眠形式——自我催眠。正如这个名词本身所指，这是由某人自己进行催眠诱导的一种催眠。

自我催眠与他人催眠的区别在什么地方？从很多方面来看，它们之间没有什么区别。很多催眠专家认为，各种催眠实质上都是自我催眠，这是因为，就算是其他人（比如催眠师）诱导你进入催眠状态，但终归是自己的而不是催眠师的意识在起变化；是你自己，而不是催眠师进入了催眠状态。即使两种催眠形式在进入催眠状态的途径方略微不同，但是在催眠的各个要素中都包括了自我诱导的内容。